共筑清水梦

U0167363

河长制信息化技术应用

杜冬阳　周新民　陈熹 等　著

中国水利水电出版社
www.waterpub.com.cn
·北京·

内容提要

本书为广州市全面推行河长制工作领导小组办公室组编的"共筑清水梦"系列丛书之一。书中详细介绍了广州河长管理信息系统，分"筑基础""实履职""强监管""优服务""广支撑""全参与"六大板块，阐述了广州河长制的业务需求、广州河长管理信息系统的解决方案及其应用成效，并介绍了典型技术应用。本书具有河长业务需求与信息化技术紧密结合、河长制体制机制与信息化手段的互动迭代等特点，在政务信息化、水务信息化等领域都具有很高的推广价值。

本书可供河长制相关工作人员及信息系统开发单位人员阅读和参考。

图书在版编目（CIP）数据

河长制信息化技术应用 / 杜冬阳等著. -- 北京 ：中国水利水电出版社，2021.5
ISBN 978-7-5170-9582-8

Ⅰ．①河… Ⅱ．①杜… Ⅲ．①河道整治－责任制－管理信息系统－研究－中国 Ⅳ．①TV882

中国版本图书馆CIP数据核字(2021)第089454号

书　　名	河长制信息化技术应用 HEZHANGZHI XINXIHUA JISHU YINGYONG
作　　者	杜冬阳　周新民　陈熹　等　著
出版发行	中国水利水电出版社
	（北京市海淀区玉渊潭南路1号D座　100038）
	网址：www.waterpub.com.cn
	E-mail：sales@waterpub.com.cn
	电话：（010）68367658（营销中心）
经　　售	北京科水图书销售中心（零售）
	电话：（010）88383994、63202643、68545874
	全国各地新华书店和相关出版物销售网点
排　　版	北京金五环出版服务有限公司
印　　刷	北京印匠彩色印刷有限公司
规　　格	170mm×230mm　16开本　7印张　106千字
版　　次	2021年5月第1版　2021年5月第1次印刷
印　　数	0001—3000册
定　　价	60.00元

《河长制信息化技术应用》
撰写人员

杜冬阳　周新民　陈熹　邹浩
毛　锐　余　方　叶皓炜　汤邵武
关孟宗　范明华　鲍　彪　黄　润
朱志铭

  将"共筑清水梦"打造成系列丛书的灵感来源于 2020 年出版的《共筑清水梦》一书,《共筑清水梦》带着河长漫画形象走出广州,去往佛山、东莞,走出广东,去往广西、海南、内蒙古……其出版引起了良好的社会反响,其新颖的形式和内容受到同行们的喜爱,收获业内人士推崇。

  近年来,我们联合全市志愿者、民间河长推动河长制进校园、进社区,在政府履职、社会监督、公众参与等方方面面多管齐下打造"共筑清水梦"治水主题IP,致力于让河长制治理理念、治理成效深入民心。

  "共筑清水梦"紧紧遵循"人民城市人民建,人民城市为人民"思想,致力于打造共建共治共享社会治理格局的美好愿景,体现了人民对"清水绿岸""鱼翔浅底"幸福宜居环境的向往和追求,更体现了我们奋勇前行建设"美丽中国",夙兴夜寐追寻"中国梦"付出的努力。随着河长制工作的不断深入、扩展,我们将在"共筑清水梦"主题的加持下持续发力,不断总结、提炼,力争为各界读者带来更多务实、精彩的系列好书。出版丛书是筑梦的开始,更是通往梦想彼岸的路径,体现的是广州久久为功、同心筑梦的诚意与决心。为此,我们还在路上……

广州市全面推行河长制工作领导小组办公室

2020 年 12 月

工欲善其事，必先利其器。

河长制信息化技术就是广州市全面推行河长制的核心抓手、重要利器，旨在利用前沿信息技术推动河长制管理手段、管理模式、管理理念落地生根并不断创新。

2017年9月以来，广州河长管理信息系统与广州市河长制共同走过"起步""推进""决胜""长效"四个阶段，推动河长制渐次实现"有名""有实""有能""有效"的四级跃升。广州河长制信息化的主要做法及成效获国内同行的高度认可，国内兄弟城市纷纷赴广州学习调研并称赞："广州河长管理信息系统功能贴合业务需求，应用广泛，能落地，河长制信息化管理水平全国领先。"

《河长制信息化技术应用》一书将河长业务需求与信息化技术应用的紧密结合、河长制体制机制与信息化手段的互动迭代等特色做法和盘托出，在政务信息化、水务信息化等领域具有很高的推广价值。

技术力量的提升带动城市治理能力的提升，只为让城市变得更加"聪明"、更加"智慧"。如今，大数据、云计算、区块链、人工智能等前沿技术飞速发展，河长制的发展也必须跟上时代发展步伐，持续将新兴技术与水务专业发展规律深度融合。往小了讲，要用绣花功夫为河湖治理注入新能量；往大了讲，要为城市治理体系和治理能力现代化贡献新活力。

广州市全面推行河长制工作领导小组办公室

2021 年 4 月

江河湖库是水循环、水资源的主要载体，是人类社会经济与生态环境必不可少的重要组成部分。随着社会经济的快速发展，水资源、水污染、水生态问题日益突出，严重制约经济社会的可持续发展。2016 年以来，中共中央办公厅、国务院办公厅印发了《关于全面推行河长制的意见》（厅字［2016］42 号）、《关于在湖泊实施湖长制的指导意见》（厅字［2017］51 号），要求建立河（湖）长制，构建责任明确、协调有序、监管严格、保护有力的河湖管理保护机制，为维护河湖健康生命、实现河湖功能永续利用提供制度保障。

　　同时，全球物联、移动互联、大数据、云计算、人工智能等新兴信息技术的迅速发展和深入应用也给河长制的横向拓展、纵向深化提供了良好的发展契机，成为推动河长制创新发展的先导力量。2018 年，水利部印发《河长制湖长制管理信息系统建设指导意见》（办建管［2018］10 号）明确提出"在充分利用现有水利信息化资源的基础上，根据系统建设实际需要，完善软硬件环境，整合共享相关业务信息系统成果，建设河长制湖长制管理工作数据库，开发相关业务应用功能，实现对河长制湖长制基础信息、动态信息的有效管理，支持各级河长湖长履职尽责，为全面科学推行河长制湖长制提供管理决策支撑"。

　　广州市位于珠江流域，区域内河网密布，河湖治理任务艰巨繁重，为围绕河长制各项任务的落实，2017 年 9 月，广州市在广东省内首推"掌上治水"，广州河长管理信息系统应运而生，按照 PC+App+ 微信 + 电话 + 网站"五位一体"

框架，与广州市河长制同步推出、同步深化、同步成长，系统响应水利部推动河长制"名实相副"和强监管的工作要求，响应河湖长业务工作需求，创新服务管理模式，支撑各项河长令与治水专项行动，支撑全民参与共建共治共享，借助信息化手段将河长制高位势能转化为河长制高速发展动能，为破解超大城市水环境治理困境提供了新发展思路。本书详细介绍了广州河长管理信息系统，分"筑基础""实履职""强监管""优服务""广支撑""全参与"六个章节介绍了广州市河长制的业务需求、广州河长管理信息系统的解决方案及应用成效，供河长制相关工作人员、信息系统开发单位参考。

河长管理信息系统助力广州治水成效显著，2020年广州13个国考、省考断面全部达到考核要求，纳入国家监管平台的147条黑臭水体全面消除黑臭，处处呈现"水清岸绿、鱼翔浅底、白鹭成行、萤火虫飞舞"的美丽水岸景象。在治水攻坚战新的阶段，为建立水环境长效机制，巩固治水成效，系统仍需不断提高数字化和智能化运用的力量和深度，实现涉水项目"全周期管理"，激发全民治水新活力，并向河长制六大任务不断延伸，为河长制持续提供技术"火力"。

作者

2021 年 4 月 1 日于广州

1 | 筑基础
—— 以稳固基底为顶层应用保驾护航

ZHUJICHU
—— YI WENGU JIDI WEI DINGCENG YINGYONG BAOJIA HUHANG

1.1 稳定的信息化架构是信息通畅、业务通达的必然需求

建设数字政府、智慧社会、网络强国是新时代国家信息化发展的重大战略。党的十九大提出要加快推进信息化，建设"数字中国"与"智慧社会"。党的十九届三中全会作出了深化党和国家机构改革的决定，提出要充分利用信息化技术手段，提高政府机构的履职能力。党的十九届四中全会提出要推进数字政府建设，加强数据有序共享。数字政府建设是政府主导的新型政府运行模式改革，是以"政务数据大脑"建设为核心，充分利用 5G、大数据、区块链、人工智能等新技术发展成果，重塑政务信息化管理架构、业务架构和技术架构。根据《中共中央关于坚持和完善中国特色社会主义制度推进国家治理体系和治理能力现代化若干重大问题的决定》、《国家信息化发展战略纲要》（中办发〔2016〕48 号）、《广东"数字政府"改革建设方案》（粤府〔2017〕133 号）等，在"数字政府""智慧城市""互联网＋政务""网络强国"等国家战略背景下，以各级水利水务信息化发展规划、"数字政府"建设总体规划、"大水务"信息化总体框架为指导，充分利用现代信息技术，搭建稳定的河长制信息化总体架构，是全面推行河长制工作的重要手段，是解决河长制信息资源整合及共享问题、信息深度开发和信息辅助决策方面各项问题的基础，是实现河长制河湖管理信息化的技术支撑。

广州市河长制工作开展之初缺乏上下联动、信息互通、协调配合的抓手，市区两级之间、业务主管部门与基层单位之间、不同业务主管行政部门之间的协调程度不高。随着河长制核心工作的深入开展，基于河长制管理业务覆盖面广、业务联动性强等特点，河长制工作对业务高效协同、信息全面公开、信息扁平传递的需求日益迫切。为满足新时期河长制业务发展需求，引导地理信息、大数据、人工智能、云计算等新一代信息技术与河长制业务的深度融合，积极推动经实践验证、实用、实效的新兴技术向更广范围、更宽领域发展，亟须建立一套统揽全局、上下联动、纵横协同、切实可操的业务应用底层架构体系。总体架构体系的

统筹规划须包括软件平台架构、数据结构、库函数结构、系统配置、信道切换、数据应用等关键技术，建立可配置、易扩充和可持续的信息系统，以信息化支撑河长制事业的创新发展，实现整体引领局部，市级统筹规划、统一建设，纵向贯穿市区镇村网格，横向覆盖规划、工信、城管、环保、住建、园林、交通等部门，落实"大一统"的核心理念和管理目标。通过系统集成与整合关键技术研究和制定信息采集、传输、存储等标准、规范，坚持创新驱动、急用先建，完成系统顶层设计，统一底层技术架构，可确保数据和软硬件资源的有效共享，集中有限资源，紧贴业务需求，快捷高效地支撑广州市河长制信息化发展，建立信息平台化、标准化、集约化管理的新模式以便与时俱进去持续改进业务信息系统，保持系统生命力，解决多系统运行及信息孤岛的局面，实现系统的集成与整合、相互兼容、资源共享，开拓河长制信息化系统的发展方向。

开展河长制工作首先要摸清有哪些河涌、水库、湖泊及其准确的行政管理划分，明确各级河长的管理对象和范围，落实具体分管责任人，才能有效推行"河长制"的全面开展。广州市河网密布，湖泊众多，多数河流跨村、镇甚至跨区，各区河湖资料却普遍存在河湖名录不全面、数据不准确、信息不齐全的状况，部分河涌缺少河段起始点的经纬度坐标数据和矢量图，甚至不在整编目录中。与此同时，河长制工作涉及管理机构部门广、人数众多，河湖管理权责较为复杂，治水合力不足，各级河长制办公室（简称"河长办"）及各级河长的职责仍有待进一步明确和细化。为厘清河道管理界面、明确河湖管理范围、落实各级河长职责，亟须通过信息化手段明确河湖空间特征，落实深化河湖管理网格化、精细化、智能化，构建责任明确、信息共享、联动快速、互动顺畅的河湖管理信息化体系，确保河道监管无遗漏、河湖责任人明确，解决部分河湖"没人管"等河湖管理工作权责问题，为推动河长制快速落地生根提供基础信息保障。

另外，河长制业务信息数据分散于各个机构部门，数据繁杂、来源多且不统一，权威性不足，信息更新滞后，还存在河湖资源信息部分要素缺失、数据冗余和不一致等现象，且缺乏统一的信息资源管控，由于存在不同业务间描述同一对象及其属性的定义不一致的问题，信息资源共享困难，事关全局的信息资源得不到及时的共享利用。为促进河长制信息化资源全面整合，亟须构建服务全局的信息资源服务体系，建立业务驱动的信息联动更新机制，保证信息数据的常用常新，提升信息传递效率与数据共享水平，运用大数据处理能力，提高河长制信息资源的开发利用程度，促进信息技术与河长制业务的深度融合。通过有效整合信息资源，形成以信息化和共享机制为基础的河长制河湖管理模式，将有力推动各级河长制相关成员机构、部门日常工作网络化、数字化、自动化，实现通过计算机及信息网络进行日常业务处理，明确各个机构、部门、人员在河长制信息数据采集、传输、交换、共享等环节相互协同的方式，加强和促进各单位之间的信息共享和交流，实现信息资源数据化、内部办公协同化、信息交流网络化，有效提高河长制业务工作效率。

1.2 以数据共享为原则，构建基础应用平台

1.2.1 统筹规划总体架构体系

广州河长管理信息系统采用手机 App、桌面 PC、微信公众号、电话与专题网站"五位一体"设计（见图 1.1），使用先进的技术路线，确保系统的可扩展性和兼容性。该系统采用多层分布式结构，以信息化管理为核心，以实现信息技术标准化、信息采集自动化、信息传输网络化、信息管理集成化、功能结构模块化和业务处理智能化为目标展开建设。

系统采用面向服务的 SOA 架构和服务总线＋组件的技术方法，基于流程驱动的总线集成模式，通过适配器组件集成技术，使得各子系统之间能够以互操作的方式交换业务信息，解决信息服务多元化以及系统之间的信息共享、一致性等问题。

该系统符合工程软件总体架构要求，满足行业客户应用系统间的信息与数据交互需求；屏蔽了系统间互联的复杂性，建立系统之间高效且稳定的接口管理机制，实现接口服务的统一管理，并实现接口服务动态发布和扩展能力。

系统框架分为七层，各层次说明如下。

1. 交互层

交互层以简洁大方的页面设计、逻辑清晰的结构设计及合理有序的布局设计，为用户提供了一个好用且易用的交互方式，不同用户均可快速掌握。App 端为河长制业务提供移动办公的功能、接收实时信息资讯与履职提醒，PC 端为河长制业务提供日常事务管理、综合信息展示与系统管理等功能，微信公众号与电话为公众参与治水行动的窗口，门户网站提供治水成果展示。

2. SAAS 层

广州河长管理信息系统 SAAS 层围绕河长制各项业务需求，为用户提供综合业务应用，包括基础板块、实履职板块、强监管板块、优服务板块、广支撑板块、

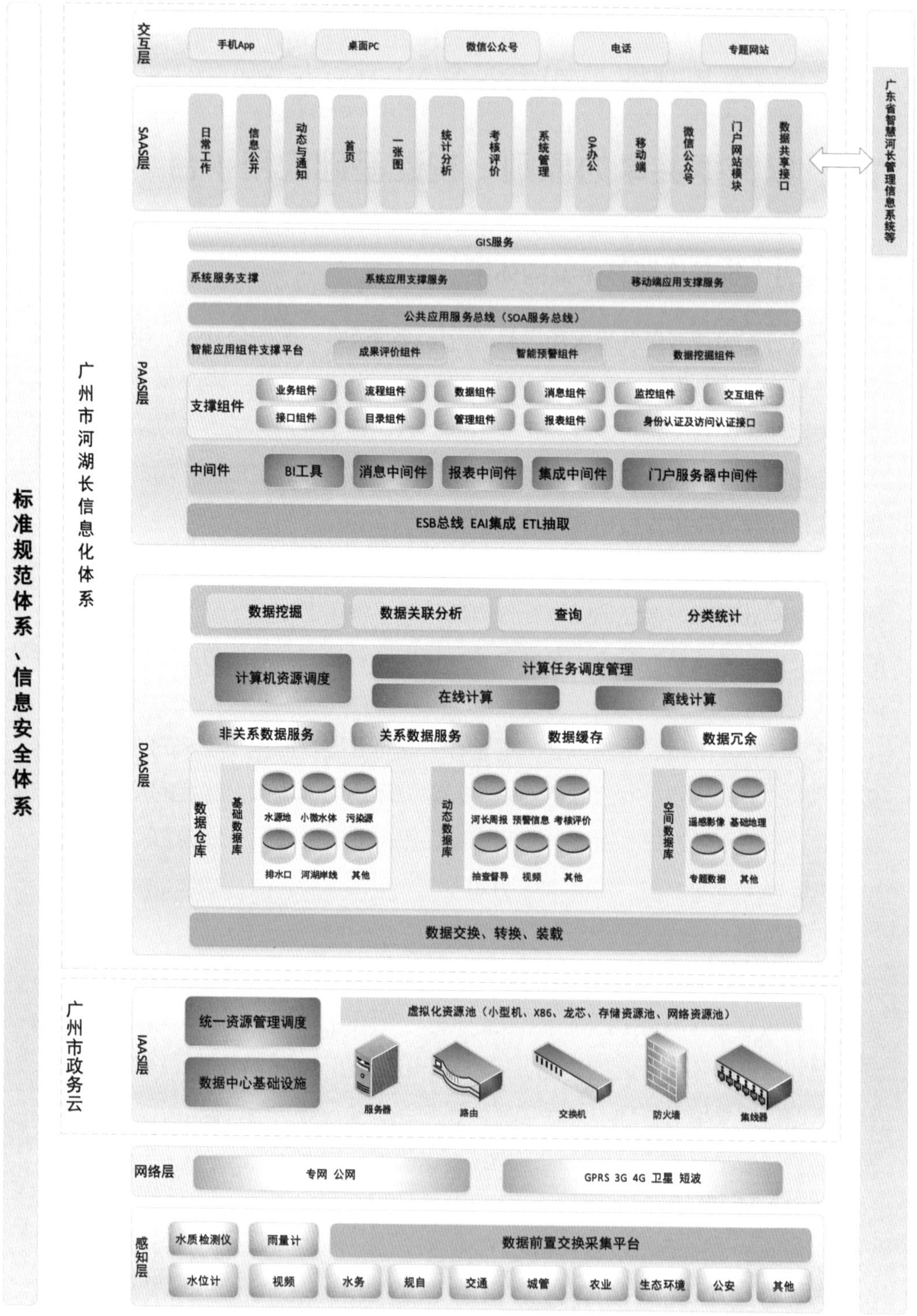

标准规范体系、信息安全体系	广东省河湖信息化体系		

交互层　手机App　桌面PC　微信公众号　电话　专题网站

SAAS层　日常工作　信息公开　动态与通知　首页　一张图　统计分析　考核评价　系统管理　OA办公　移动端　微信公众号　门户网站应用模块　数据共享接口　←→　广东省智慧河长管理信息系统等

PAAS层
GIS服务
系统服务支撑　系统应用支撑服务　移动端应用支撑服务
公共应用服务总线（SOA服务总线）
智能应用组件支撑平台　成果评价组件　智能预警组件　数据挖掘组件
支撑组件　业务组件　流程组件　数据组件　消息组件　监控组件　交互组件　接口组件　目录组件　管理组件　报表组件　身份认证及访问认证接口
中间件　BI工具　消息中间件　报表中间件　集成中间件　门户服务器中间件
ESB总线　EAI集成　ETL抽取

DAAS层
数据挖掘　数据关联分析　查询　分类统计
计算机资源调度　计算任务调度管理　在线计算　离线计算
非关系数据服务　关系数据服务　数据缓存　数据冗余
数据仓库　基础数据库　水源地　小微水体　污染源　排水口　河湖岸线　其他　动态数据库　河长周报　预警信息　考核评价　抽查督导　视频　其他　空间数据库　遥感影像　基础地理　专题数据　其他
数据交换、转换、装载

IAAS层　广州市政务云
统一资源管理调度　虚拟化资源池（小型机、X86、龙芯、存储资源池、网络资源池）
数据中心基础设施　服务器　路由　交换机　防火墙　集线器

网络层　专网 公网　GPRS 3G 4G 卫星 短波

感知层　水质检测仪　雨量计　水位计　视频　数据前置交换采集平台　水务　规自　交通　城管　农业　生态环境　公安　其他

图 1.1　广州河长管理信息系统结构示意

全参与板块等。一方面，SAAS 层提供数据驾驶舱式综合展示，将采集和分析处理后的数据进行形象化、直观化、具体化展示，为业务的决策提供支撑，让数据以更有组织的方式展现；另一方面，SAAS 层提供了从业务问题的发现到解决、反馈全流程的闭环流程处理，全方位跟踪问题流转，同时依托数据挖掘分析，建立层层收紧、管服并重、可问责的监管体系，确保工作质量优良。

3. PAAS 层

PAAS 层为业务系统提供统一的平台应用支撑服务，是项目系统的重要基础。其作用是承担着汇聚与管理资源，支撑应用，保障系统规范、开放，进而保障系统长期可持续运行的任务。PAAS 层将各类业务应用系统中所需的业务处理功能通盘考虑，从中抽取出便于复用共享的部分，形成软件资源，避免重复开发，有效保障系统的完整性、规范性与开放性，减少技术风险。PAAS 层对于整个系统的功能实现、稳定性、可扩展性等各个方面都起到至关重要的作用，为广州河长管理信息系统基础模块平台项目的业务应用系统提供统一的基础数据访问、数据分析、界面表现等平台公共服务支持，并可为相关部门提供统一的信息服务访问接口。

4. DAAS 层

DAAS 层主要完成数据整合、数据治理、数据存储管理、数据交换共享、数据服务等工作和功能，为业务应用提供公共数据的访问服务以及数据中潜在的有价值信息的服务。利用数据平台技术实现数据的整合与共享，充分运用数据挖掘技术、数据关联分析技术实现多维数据的整合利用，实现查询和分类统计等功能，为 SAAS 层的数据抓取提供合理有效的数据资源。

5. IAAS 层

IAAS 层通过对计算机基础设施整合利用后提供服务。通过虚拟化技术重新整合服务器、交换机、路由器、防火墙、机柜、UPS 等基本设施构建云端支撑，实现基础设施的监控管理和资源的分配调度管理，为数据的存储和调用提供强有力的物理环境支撑。

6. 网络层

网络层负责信息传输，通过专网、公网，利用光纤、GPRS、3G、4G、卫星、短波等多种传输技术，实现数据信息安全稳定传输。

7. 感知层

感知层通过水质、流量、水位、雨量、遥感卫星、视频等工程监测设备，提供多源数据，利用前置交换采集平台实现水利、国土、交通、市政、农业、环保、公安等相关部门的数据交互，实现数据广覆盖，为数据的分析与处理打下坚实基础。

1.2.2 整合管理河长制信息资源

1. 构建用户层级框架

广州河长管理信息系统整体考虑广州市河长制体系涉及的各级机构单位协同办公的需要，运用以信息共享、互联互通为核心的协同式政务建设模式，在底层架构与应用层面打破组织边界，构建管理主体全覆盖的机构层级框架。机构名录提供河长制组织架构体系的管理和查询功能，通过系统对河长制管理体系中所涉及的各级河长办、各级职能部门、各级监督部门进行信息维护管理，提供包括上级机构、归属区域、机构名称等全属性机构名录信息的增、改、删等功能。系统不仅直观地利用管理树状关系形式展示河长制管理组织架构体系，还能透过各个组织机构单位之间的谱系图，直接明了地了解各个组织机构间的上下层级关系，使得政务部门在沟通、信息、流程等方面，实现跨层级、跨地区、跨部门、跨业务的协同管理和服务。

河长名录汇集全市河长个人信息以及其相关履职信息，包括河长姓名、类型、职务、联系电话、任职时间、管辖河段、下辖河长及个人履职数据等，为各级河长办、职能机构管理人员提供对河长信息的增、改、删及责任河段挂接等维护管理功能。同时制定了数据动态更新机制，规定区级以下河长名录的数据更新由各区河长办负责，区级、市级河长名录的数据更新由市河长办负责，保证河长名录数据的实时性、有效性。河长名录数据信息化为河长责任体系建立奠定基础，通过"河段－河长－问题－水质"的挂钩关联，压实河长责任，为河长办管理河长、上级河长管理下级河长提供条件，建立了多级河长的关联体系，为各级河长提供上下级、左右岸、上下游河长信息的查询展示，助力各关联河湖责任河长协调联动开展工作，提高河湖管理工作沟通效率与协作渠道。

2. 汇聚河湖基础信息

广州河长管理信息系统以落实管理范围全覆盖为原则，通过开展河湖名录编制及电子标绘工作将全市河湖名录及数据纳入统一管理，依据统一的编码规则，建立统一的河湖名录虚拟数据中心、河湖电子地图与河长名录，串联河长制管理主体和对象，明确河湖管理范围与责任人，为河长制全面开展打牢基础。

河湖名录充分整合全市具有行洪、纳潮、排涝、灌溉等功能的所有天然及人工江河、湖泊、水库、小微水体数据，依托无人机技术采集河湖区域坐标数据和图片数据，集成全市河湖水系各级责任河长相关数据，实现对河湖名录全要素数据的汇集和管理。根据水系类型，河湖名录划分为河流（涌）名录、湖泊名录、水库名录、小微水体名录，提供河湖信息增、改、删及责任河长挂接等维护管理功能，实现对河湖采集数据的审核，保障河湖名录中河湖的完整和河段的不漏项。通过完善广州市河湖名录及责任人等基础数据，摸清河流、水库、湖泊、小微水体基本情况，确保"河段－河长－问题－水质"的关联，明确"省、市、区、镇、村"各级河长的管理范围，水体治理界限分明，不留死角，为"一河（湖）一档（策）"方案编制和河长制管理信息系统提供最基础的数据和技术支撑；同时坚持信息公开透明原则，河湖名录信息在系统、App、公众号等平台均开放共享，通过行政区属、名称、编码等各类筛选条件筛选出相应河湖，翻阅查看具体河湖的分段列表及河段的河长信息，包括河湖名称、河段起止、长度等河湖基础数据、关联的河长信息以及该河段的巡查记录、上报的问题等。

河湖电子地图统一标准规范，对全市河湖进行编码及电子地图标绘，确保河湖数据完整翔实，水体治理界限分明。河湖名录电子地图针对河流的上下游、干支级别及河段上下级等复杂关系，提出一套以河段为编码基本单位，以明确河网拓扑关系结构为目标，涵盖了上下级别河段的纵向编码、上下游河段的横向编码、河流干支关系的横向编码的编码方案，搭建起全市范围内的河网关系图，直观地展示河段之间的关系；同时根据1：10000高清影像图对河湖进行电子地图标绘（含矢量平面形态图层和属性要素），包括河湖名称、所属行政单元、河段起止点经纬度、左右岸等，实现对全市水体的全覆盖，数据与河湖名录表一一对应，落实河段责任人实现河湖与河长的对应关联，为市河长制工作提供数据支持。

3. 建档建策长效管理

"一河（湖）一档（策）"按水利部《"一河（湖）一策"方案编制指南（试行）》（办建管函〔2017〕1071号）和《"一河（湖）一档"建立指南（试行）》（办建管函〔2018〕360号）设计，与水利部一河（湖）一档（策）系统共用数据模板，同时维护，实现有效衔接，推动河湖档案信息的高效管理。"一河（湖）一档（策）"分为"一河一档（策）"和"一湖一档（策）"两大模块，主要展示每条河湖对应的档案和策略，汇集河段（湖泊）信息、河（湖）长信息、河流信息等基本信息、污染源信息、上报问题信息、取水口信息、水质信息、水生态信息、岸线信息，河道利用、涉水工程及设施等动态信息，以及"一河（湖）一档（策）"相关文件，提供河湖档案的新建、导入、编辑、上报、审核、删除、查询等基础管理功能以及河湖治理策略、方案文档的上传、查阅与下载功能，利用信息化手段实现了河湖基本信息资料应收尽收、信息数据即产即收，保证了档案资料的完整性和及时性，实现每条河流都有一套特定合理的治理措施，为河湖精细化管理工作提供各项成果技术支持与档案资料支撑。截至2020年12月，已导入9114条河涌（河段）档案记录和30条湖泊档案记录。

4. 完善河湖周边数据

围绕河湖其他相关专题信息的实时更新、多维分析与动态服务，系统现已汇聚多类河湖数据资源，构建了全市河湖基础地理信息数据库，建立了上下统一的技术标准和数据基础与共享机制，下一步将继续丰富完善河湖其他基础信息数据内容，延伸共享信息服务与应用范围，全面支撑智慧河长制业务应用发展。河湖其他基础信息数据是指与河长制六大任务相关的信息，目前模块内包含河长公示牌信息、水源地信息、河湖水质监测信息，提供台账查询、增、改、删等基础管理功能，利用信息化手段将种类繁多、来源不一的河长制相关信息数据分门别类地整理归档，提高归档效率和质量，保证河长制信息资源数据的齐全准确，实现信息服务主动化、工作手段智能化。

河长公示牌以列表形式展示河段地理空间位置、责任河长与河长职责等相关信息（见图 1.2），提供检索的功能。截至 2020 年 12 月，系统内已录入 3972 条公示牌信息。

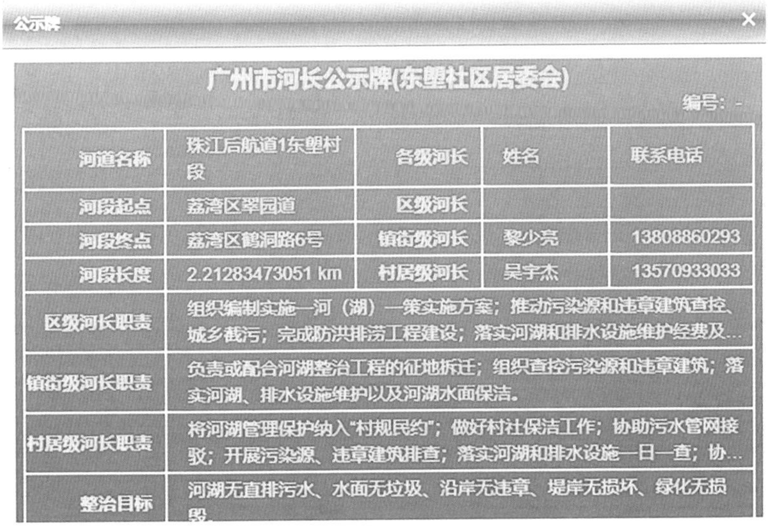
公示牌 ×

广州市河长公示牌(东塱社区居委会)

编号：-

河道名称	珠江后航道1东塱村段	各级河长	姓名	联系电话
河段起点	荔湾区翠园道	区级河长		
河段终点	荔湾区鹤洞路6号	镇街级河长	黎少亮	13808860293
河段长度	2.21283473051 km	村居级河长	吴宇杰	13570933033
区级河长职责	组织编制实施一河（湖）一策实施方案；推动污染源和违章建筑查控、城乡截污；完成防洪排涝工程建设；落实河湖和排水设施维护经费及...			
镇街级河长职责	负责或配合河湖整治工程的征地拆迁；组织查控污染源和违章建筑；落实河湖、排水设施维护以及河湖水面保洁。			
村居级河长职责	将河湖管理保护纳入“村规民约”；做好村社保洁工作；协助污水管网接驳；开展污染源、违章建筑排查；落实河湖和排水设施一日一查；协...			
整治目标	河湖无直排污水、水面无垃圾、沿岸无违章、堤岸无损坏、绿化无损段...			

图 1.2　河长公示牌界面图

水源地管理和展示包括水源地名称、水源地类型、所属区域、日供水量、供水范围等广州市内水源地相关信息查询、管理等功能。所有数据按照统一的数据标准与格式来进行数据的录入、维护和更新，保证数据的有效性、完整性。

水质信息包括生态环境局水质统计监测数据和黑臭河涌水质统计变化数据，展示河涌（段）当前水质状态的监测数据，并提供水质数据信息编辑等功能。环保监测数据是每月生态环境局统计的河湖水质监测数据，主要以表格形式展现，具体信息包括氨氮（mg/L）、总磷（mg/L）、化学需氧量（mg/L）、水质类别、监测时间等水质相关化学检测评价数据，黑臭河涌水质直观展示河湖水质每月变化趋势，具体信息则包括黑臭水体名称、黑臭水体编号、黑臭情况、变化趋势、监测时间。截至 2020 年 12 月，已收录 2048 条环保监测数据及 9294 条黑臭河涌变化数据。

1.2.3　建立可视化综合展示平台

河长制可视化综合展示平台（河长制一张图）基于地理信息平台发布、展示相关地图信息服务，基础底图包括矢量电子地图和遥感影像图，专业图层包括河湖基础、履职信息、监测监控以及专题图层四大类，提供自由图层组合叠加，基于所见范围、所见内容的地图导出，以及结合专题报告需求的图、文、表的综合导出功能，实现了基于电子地图的数据信息实时联动与查询展示，实现了信息由静态存储向动态过程化管理的转变，为各类业务应用提供规范、权威和高效的可视化数据支撑，并完整记录基于业务相关产生的对象间关联关系，支持面向不同业务应用时的关联信息服务，为数据成果的应用服务提供便捷的支撑。

系统梳理了一张图中各类数据涉及的业务领域，针对不同业务过程相应变化信息的及时提取与汇聚，实现一张图标准服务与业务应用数据处理过程的无缝衔接，保障了服务的持续优化和不断完善。河湖基础专题图层包括河流(涌)、湖泊、水库、小微水体、网格、流域边界、河道控制线、行政区划边界与公示牌等图层信息；列表展示包括河道长度、水面面积、河道起点、河道终点等河湖分段信息，主要作用是将河湖的基础信息与地理空间关联起来，在地图上展示用户需要查看的河湖信息；履职信息专题图层展示河长巡河记录及其巡河轨迹，实现与责任河段进行轨迹对比分析功能，同时在地图上展示巡查问题、公众投诉信息及其状态，清晰显示问题点分布情况，实现问题高发热点区域分析等功能；监测监控在地图上展示各监测点的实时水质信息，同时列表展示各监测点的水质信息，为后续视频监控的接入预留接口；专题图层主要为污染源作战图，包含了各类污染源的地理位置信息和状态信息，提供以网格为最小单元的污染源动态作战图导出功能。同时，由于一张图中展示的河湖信息比较多，为了方便用户查看具体的河湖信息，在每个小模块中都提供搜索功能，可以快速实现定位到某个具体的河湖。

以一张图为基础对各类河长制工作的信息数据与变化过程进行完整记录和系统分析，确保了河长履职监管调度可视化，提升了数据内容的一致性和功能服务的承接性，通过各基础信息数据与动态信息数据间的数据融合和信息流动，有效地提高了地理信息资源的综合利用率，提升了河长制信息资源共享应用水平，增强了河长制信息化支撑服务能力。

1.2.4 打造个性化统计分析工具

统计分析根据统计内容不同，可分为巡河统计、问题统计、专项行动、水质统计及其他统计，提供多维度、图文并茂的河长制业务运转动态统计查询功能，包括分时段、分统计主体、分行政区域、分河长级别多维度组合查询，同时提供统计数据的明细台账查询，如巡河台账、问题台账、污染源台账查询等，大大提高了河长制信息统计、传递效率和河长制整体管理效率。

巡河统计根据巡查对象不同，分为一般河湖巡查统计和黑臭河湖巡查统计。按统计时间、统计主体（区域、河段、河长）、级别等条件筛选查询，采用图表结合的形式展示相应查询周期的统计结果（河长、河段、河涌、开始时间、结束时间、里程、时长等）。查询结果关联链接相关巡河台账，提供统计、台账列表导出功能，实现最便捷的巡河全过程统计。

问题统计主要统计各区域、各级河长的问题上报情况，分为事务综合统计与问题类型统计，可以按区域、河段、河长查询时间段上报问题的信息。事务综合统计对不同区域来源上报的问题、各级河长上报的问题进行统计，对不同流程的问题数量以及办结率通过图表形式进行展示；问题类型统计对不同区域总上报问题与各级河长的上报问题的问题类型进行统计，以图表形式进行展示，全方面、多维度展示河长事务处理情况，查询结果关联链接相关问题台账，提供统计、台账列表导出功能，实现最便捷的事务全过程统计。

专项行动提供各类专项行动个性化统计，如按区域统计不同类型污染源的上报数量、销号数与整治率；海绵统计提供海绵城市建设领导小组办公室（以下简称"海绵办"）抽查个性化统计，如按项目阶段统计不同性质建设项目的检查工程数量、检查次数、合格率等检查情况。

水质统计提供按监测时间、河涌（河段）名称查询水质监测数据信息，包括氨氮、总氮、化学需氧量、溶解氧、透明度、水质指数、水质类别、监测时间等信息。

统计分析提供了高效的自定义功能，操作简单、灵活，定制化输出结果，强大的报表展现能力、灵活的部署机制配合以全面的用户权限管理、报表调度功能和交互功能，能够处理复杂报表，满足个性化统计分析需求，实现对河长制信息资源数据的有效统计管理，比传统固定的统计功能更加灵活，实用性更强，大幅提升了工作效率。

1.3 厚积薄发，河长制信息全覆盖

为贯彻落实中央全面推行河长制工作精神，加快推进河长制各项工作，明晰辖区内各级河道管理职责，创新河道监管手段，广州河长管理信息系统整合机构名录、河湖名录、河长名录、"一河（湖）一档（策）"、汇总河长公示牌、水源地、河涌水质等信息数据，融合可视化信息展示、统计分析等基础应用功能模块，以信息技术促进河长制的顺利推行和执行，为智慧治水提供全面的技术支持，构建数据共享利用的河长制基础应用平台。截至2020年12月，机构名录涵盖190个河长制办公室、577个河长制工作相关职能部门。河湖名录已完成标绘1431条河涌，总长度约4794.62km，湖泊42个，水库364座，边沟边渠1289段，小湖泊61个，山塘269个，鱼塘2378个，风水塘974个，明确河湖管理范围及责任人，为河长履职提供便利，促进河道综合治理效率。同时河长名录共覆盖河长3131名，其中市级河长13名，区级河长272名，镇（街）级河长1040名，村（居）级河长1806名，为实行河长制信息化的"河段－河长－问题－水质"四个关联分析奠定了基础，为河长履职管理创造了条件。

关键技术应用 1　微服务架构技术

【概念】

微服务架构技术是在单体架构满足不了日益复杂的业务需求的背景下，逐渐演变出来的一种架构风格。相对于单体应用，微服务架构是将所有功能都打包成一个独立单元的应用程序。它能够适应广州河长高并发、高性能、高可用的业务场景，各个服务之间独立运行、独立开发，并且可以实现技术异构开发。同时，个别服务的宕机不会引起整个服务体系的崩溃，个别热点服务可以进行针对性的扩展以满足需求，部署上线影响面相对单体应用大幅减少，优化局部代码也变得相对容易。

在广州河长管理信息系统中，微服务架构支撑全流程河湖管理服务平台，实现对于需求的快速响应，产品快速迭代，有助于提升整体扩展性、可用性和快速交付能力。

【技术特点】

微服务架构是一种架构模式。它通过将单独架构的应用划分为一组组小的服务，并通过服务之间的相互协调配合来实现整体的应用功能。微服务架构技术主要有以下三个技术特点。

A. 分解单体式应用解决复杂问题

微服务通过分解巨大单体式应用为多个服务的方法解决了复杂性问题，在功能不变的情况下，广州河长管理信息系统应用被分解为多个可管理的分支或服务。每个服务都有一个用 RPC 或者消息驱动 API 定义清楚的边界。微服务架构模式给采用单体式编码方式很难实现的功能提供了模块化的解决方案，由此，单个服务很容易开发、理解和维护。

B. 每个服务可单独开发

微服务架构模式下，开发者可以自由采用各种开发技术，仅需提供相应接口即可。因此广州河长管理信息系统可以兼顾未来的发展，采用当下先进的开发技术。此外，由于单独服务相对较小，因此使用当前技术重写旧服务变得可行。

C. 每个微服务可独立部署

微服务架构模式使每个微服务都能独立部署，开发人员不需要协调部署本地服务的变更，不需要协调其他服务部署对本服务的影响，这种改变可以加快部署速度，使得持续化部署成为可能。

【主要应用】

广州河长管理信息系统总体架构采用微服务架构，将应用程序的不同功能单元通过服务之间定义良好的接口和契约联系起来。接口采用中立的方式进行定义，独立于实现服务的硬件平台、操作系统和编程语言，使构建在各种系统中的服务可以以一种统一和通用的方式进行交互。

系统采用的是 Spring Cloud 服务架构，Spring Cloud 是基于 Spring Boot 的一整套实现微服务的框架，提供了微服务开发所需的配置管理、控制总线、全局锁、决策竞选、分布式会话和集群状态管理等组件。Spring Cloud 包含了非常多的子框架，其中 Spring Cloud Consul 是其中一套框架，用于实现分布式系统的服务发现与配置。与其他分布式服务注册与发现的方案相比，Consul 的方案更"一站式"，内置了服务注册与发现框架、分布一致性协议实现、健康检查、Key/Value 存储、多数据中心方案，不再需要依赖其他工具（比如 Zoo Keeper 等）。通过微服务架构的应用，广州河长管理信息系统主要通过分解在线巡河平台、广州河长培训小程序、业务协同平台等多项应用的业务需求，将其划分为日常巡查、问题督办、任务派遣等多个单独的服务，针对每个单独的服务进行开发从而实现在线巡河平台、"广州河长培训"

小程序和业务协同平台等多个应用的功能。

A. 在线巡河平台

该平台可实现在线记录现场巡河情况、实时分类上报问题、事务交办流转处理、问题跟踪以及信息查询等全流程在线巡河履职功能，各级河长通过电脑或手机操作实现足不出户开展河湖管理工作，将日常巡查、问题督办、情况通报、责任落实、信息公开等纳入信息一体化管理。

B. "广州河长培训"小程序

该平台可提供"一站式"的移动学习服务，可满足河长办工作人员、各级河长、民间河长、公众等多方用户需求。

C. 业务协同平台

该平台可实现实时、公开、高效的线上即时通信、协调对接，促进多元化事务处理机制的信息化发展，逐步实现信息上传、任务派遣、督办考核、应急指挥数字化管理。

【应用实效】

广州河长管理信息系统立足于互联网技术最新发展和河湖信息化管理基本特点，实现巡河方式、事务处理流程与互联网技术深度融合，河长App、"广州河长培训"小程序等子系统均采用先进的微服务架构开发，系统具有很高的扩展性和延伸性，系统的每个服务可独立部署、扩展、升级，可不停机维护，具有易开发、易升级和易维护的特点，可实现系统的快速开发、快速迭代更新。自上线以来，系统约每两个月进行一次更新，截至2020年12月，已完成系统迭代更新20余次，改进落地用户反馈意见达上百条。

关键技术应用 2　无人机遥感技术

【概念】

无人机遥感技术是集无人驾驶、GPS 差分定位、惯性导航与通信等技术于一体的新型遥感应用技术。根据需要，无人机一般设计飞行高度不高于 1000m，属于低空航空遥感。

无人机遥感系统由空中控制系统、地面控制系统和数据后处理系统组成。利用无人机遥感系统采集数据时，其工作流程为：根据遥感任务的要求对待拍摄地区进行航迹规划，在地面控制子系统中将规划好的航线载入到遥感空中控制子系统。无人机地面控制子系统按照规划的航线控制无人机飞行，遥感空中控制子系统则按照预设的航线和拍摄方式控制遥感传感器进行拍摄；遥感传感器子系统将拍摄的数据进行存储，无人机平台则利用无线传输通道将飞行数据传输到地面控制子系统；地面工作人员可以在地面监测无人机的飞行航线，在必要的情况下，可以根据接收的数据更改本次飞行的计划，比如可以马上进行部分地区的补拍；拍摄结束后可以自动切入手控飞行，等待降落。

在广州河长制工作中，无人机遥感技术支持了河湖名录采集标绘、无人机巡河、无人机排查污染源等，减小了河湖名录编制和标绘的难度，降低了巡河的成本，提高了河长的工作效率。

【技术特点】

A. 高机动性

无人机能够快速到达交通不便甚至徒步都难以抵达的河湖，通过车载、导弹或者地面方式从平整马路、平地甚至草地、田间地头、空地、山坡、沙滩等多种地域直接发射，通过滑行和伞降的方式进行回收。起降场地周围环境的要求低，不需要机场跑道，具有环境适应性强的特点。

B. 操作简单、安全性能好

无人机的智能化程度较高，15～30min 即可完成组装、调试、起飞，并自行规划飞行路线，规避飞行途中遇到的障碍物。同时也可以通过事先设置飞行路线，并在飞行中进行校对和调整以达到对河湖图像、定位的精确采集。飞行时间基本是有效拍摄时间，可即时重拍，航摄效率高。

C. 获取影像分辨率高

无人机飞行高度低，获得的遥感影像空间分辨率较高、成像效果清晰，不仅可以获得正射影像数据，还可以通过倾斜摄影技术获得地面三维模型数据。无人机搭载的高精度数码成像设备，具备面积覆盖、垂直或倾斜成像的技术能力。无人机在 200m 左右的空中可以准确拍摄到地面上 5cm 大小的物体，而一般卫星航拍只能分辨地面 50cm 大小的物体，获取图像的空间分辨率极高，适于大比例尺遥感应用的需求。

D. 数据处理速度快、精确度高

无人机遥感技术数据处理速度快，及时性强。无人机遥感影像数据处理后，可在电脑屏幕上显示平面和三维场景影像，鼠标所点之处能显示出坐标、高度等数据信息，相比传统技术，精确度很高。

【主要应用】

A. 河湖信息采集

在广州市河湖名录编制过程中，采用无人机遥感技术实现对河涌特别是山区里的河涌进行河流轨迹采集、起止点照片采集等，解决人工无法到达某些地方的困难，加快了河湖名录编制的进度，提升了工作效率。

B. 无人机巡河

通过无人机，河长可以高效巡河，全方位无死角地巡查河涌存在的问题，方便河长在处理问题时精准定位问题所在，快速地解决问题。

【应用实效】

截至 2020 年 12 月，通过无人机，广州河长共计巡飞 50 余条河涌，总长约为 700 多千米，收集河涌图片 3000 余张，辅助河长处理问题 400 余起。

关键技术应用3　数据安全技术

【概念】

随着河长制业务不断扩展，面向用户群体不断扩大，系统中数据类型和数量也在不断增长。在河长项目中采用了多项安全技术和相关安全巡查制度来保障河长系统数据的安全，如采用防火墙、Web 应用防火墙技术拦截非法请求访问系统，通过定期的病毒扫描、漏洞扫描及时发现系统可能出现的病毒和漏洞，通过堡垒机安全审计系统、VPN 等技术保障只有相关权限用户可以连接服务器对系统进行维护。

【技术特点】

病毒扫描可以根据病毒的特征程序段内容、传染方式及文件长度的变化检测出服务器可能存在的病毒。漏洞扫描可以基于漏洞数据库对网络、主机和数据库的安全性进行检测，及时发现可利用的漏洞。

启用防火墙后，可以通过设置只允许客户端请求通过特定端口访问系统，拦截非允许的程序访问互联网，保障系统数据不被窃取。Web 应用防火墙则可以对来自 Web 应用程序客户端的各类请求进行内容检测和验证，确保其安全性与合法性，对非法的请求予以实时阻断，从而对各类网站站点进行有效防护。

通过堡垒机安全审计系统可以将用户所在网络环境和服务器内网隔离开，使得登录用户只能访问网络中已授权的服务器，并可以对服务器里发起的互联网行为进行审计，提供完整的上网记录，便于管理员有效监督服务器上网行为，预防、制止数据泄密。用户通过 VPN 和堡垒机连接服务器，访问过程中的所有数据都会加密，可以有效地防止第三方对通信进行拦截修改。

【主要应用】

河长系统安全技术应用从安全管理、平台安全、数据交换安全、运维安全四个维度都有对应的方案。

A. 安全管理

安全防护离不开管理与技术协同，河长制项目组针对河长管理信息系统建立了专门的安全管理制度和管理流程。每日对服务器进行病毒扫描，及时发现清除病毒。每个月定期对系统进行渗透扫描，如果发现漏洞需在 24 小时内修复，设立入侵响应小组，24 小时待机，当发现系统被入侵了，立刻保存现场入侵信息，切断网络，并通报给上一级负责人。

B. 平台安全

开启系统防火墙，通过设置只允许客户端请求通过特定端口访问河长管理信息系统，拦截非河长管理信息系统的程序访问互联网。接入政务云平台的云 WAF，过滤所有的外网访问请求，对请求进行内容检测和验证拦截非系统客户端发起的请求。

C. 数据交换安全

数据安全生命周期分为采集、传输、存储、处理、交换、销毁几个阶段，其中数据交换阶段的信息安全风险最高。广州河长管理信息系统已申请广州河长 SSL 域名证书，使用 HTTPS 协议保证信息传输的安全。

D. 运维安全

运营人员对系统进行维护时，都是通过 VPN 连接到堡垒机，然后通过堡垒机进入服务器。堡垒机支持统一账户管理策略，能够实现对所有服务器、网络设备、安全设备等账号进行集中管理，完成对账号整个生命周期的监控，并且可以对设备进行特殊角色设置，如：审计巡检员、运维操作员、设备管理员等自定义设置，以满足审计需求，支持对不同用户进行不同策略的制定，细粒度的访问控制能够最大限度地保护用户资源的安全，严防非法、越权访问事件的发生，并记录运维人员对网络内的服务器、网络设备、安全设备、数据库等设备的操作行为。

【应用实效】

截至 2020 年 12 月，广州河长管理信息系统共有区级河长 273 名、镇（街）级河长 1030 名、村（居）级河长 1852 名、河段长 665 名，他们进行日常巡河工作时都是通过互联网上传数据到河长系统，使用 HTTPS 协议传输数据避免了被第三方获取到传输数据的具体内容信息。通过每月的安全扫描和渗透测试，内部发现并修复的漏洞近百个，成功阻挡了 41 次安全侵袭，系统安全级别经过安全团队评估已经到达中级。

2 实履职
—— 构建智慧河湖管理体系

SHILÜZHI
—— GOUJIAN ZHIHUI HEHU GUANLI TIXI

2.1 高效的履职体系是聚焦管好"盆"和"水"的关键诉求

河湖巡查是广州市、区、镇（街）、村（居）各级河长的基本工作职责，是发现河湖问题的重要手段，是落实河长制制度的基础性工作。为推动河长履职尽责，广州市先后发布多项巡河意见和通知以规范市、区、镇（街）、村（居）河长湖长的巡河和问题上报工作，确保通过开展河长常态化巡河工作，做到河湖问题早发现、早处理、早解决，达到有效防治河湖问题的目标。依照文件规定，河湖巡查的工作内容包括按照规定的周期、时长、里程等要求开展河湖巡查、上报发现的河湖问题、按照整改期限办结河湖问题等。但河湖巡查存在管理范围广、河湖问题多、巡查记录手段落后等问题，常常会遇到一些实际困难，包括人工记录的遗漏与出错，问题流转办理时间长、效率低，问题处理成效难以对比，结果难以问责等。因此，河长履职工作有待借助信息化手段提供移动办公服务，实现河湖巡查记录无纸化、问题上报工作扁平化、处理业务流程化，支撑巡河、上报问题、处理问题等工作环节的衔接和运转，以降低基层河长的劳动强度并大幅度提高河湖巡查效能、问题处理质量。

与此同时，河长制涉及机构单位层级多、数量多、分布各区域，而基层河长队伍数量庞大、履职情况各异，各级河长办对河长、上级河长对下级河长的履职工作信息无法及时、全面掌握，涉及河长制的各个事项业务流的流程转办不明确，事项处理过程难以有效跟踪监控，处理结果不能及时反馈，不能保证河湖管理问题处理的及时性和有效性。除此之外，各地区整治河涌问题还存在"单打独斗"、只关注自己片区的问题，河涌问题存在流域性，如果不能从源头解决问题，就会存在问题"反弹"现象。为满足履职全过程留痕、事务流程闭环的需要，亟待借助信息化技术实现河长履职全业务流程的规范化、标准化、程序化，实时记录以全面跟踪反映业务处理的全过程，简化传统问题上报处理工作的呈送与审批流程，提高巡河履职、事务处理的精细化管理水平，为河长履职的智慧化监管打下良好基础。

2.2 以集约高效为核心，开启掌上治水模式

充分运用大数据、移动互联网等新一代信息技术，开发河长履职工作信息平台，面向各级河长、河长办工作人员等用户提供移动办公服务，包括在线记录现场巡河情况、实时分类上报问题、事务交办流转处理、问题跟踪以及信息查询等功能，使得各级河长能够方便、快捷地开展日常巡河工作，对全市河湖管理范围内存在的问题进行排查，全面摸清"家底"，建立台账和问题清单，了解并及时处理相关河湖问题等，形成以信息化支撑业务工作、以工作机制带动信息化应用效果的"掌上治水"良性互动模式。

2.2.1 创新巡河工作方式方法

河长巡河作为整个河长制工作中最基础也非常重要的一环，是各类河湖问题、事件等基础数据的主要来源，因此河长巡河的信息化、可视化以及智能化也是河长制能够发挥长效管控作用的重要基础。各级河长、人大代表、政协委员、网格员、一线巡查人员利用河长 App 开展河湖巡查工作，巡河模块提供在线巡河、离线巡河、巡河多样化等功能，实时记录河长巡查的责任河段、巡查时长及轨迹的功能，实现河长巡河履职数据的实时记录与查询。

开始巡河功能利用 GPS 定位、巡河轨迹技术等信息化手段，在电子地图上自动定位跟踪河长巡河履职工作中所在的地理位置，在巡河范围内即可自动记录巡河轨迹、时间等信息并上报系统，不仅显示当前河长巡河活动轨迹，而且实现了河长现场巡河实时记录，并获取其巡河轨迹和所巡河段信息，归档河长日常巡河的相关信息，包括巡查河段名称、巡河起止时间、有效巡河时长、巡河轨迹详情等。在巡河履职有效性方面，河湖巡查具体规则按当前实行的巡查河湖指导意见灵活设置执行，根据登录用户自动匹配需要巡河的河段名称、应巡频次等巡河任务，当实际巡河时间和里程达不到巡河标准时，系统将默认判定该次巡河无效，不予承认；同时基于采集的巡河轨迹数据与河湖信息数据，利用大数据分析等技

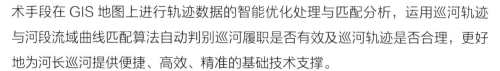

术手段在 GIS 地图上进行轨迹数据的智能优化处理与匹配分析，运用巡河轨迹与河段流域曲线匹配算法自动判别巡河履职是否有效及巡河轨迹是否合理，更好地为河长巡河提供便捷、高效、精准的基础技术支撑。

另外，当 GPS 信号中断、不强或不稳定以及手机 GPS 精度低导致巡河轨迹准确性和精度出现很大偏差时，河长可使用离线巡河记录功能，采用本地保存的方式，将当前巡河的河长巡河工作记录暂存本地草稿箱，待网络信号恢复时再自行上报上传，确保在网络条件欠缺的条件下河长也能正常巡河履职，保证了巡河履职数据的完整性与时效性。

为了让河长有更多的时间和精力投入到河湖治理的各项协调和部署落实工作中，"巡河多样化"功能为河长提供其他方式巡河办公履职服务，支持各级河长以多样化巡河方式完成巡河任务。当河长参加河湖管理保护有关活动如河湖整治工作（拆违、截污工程等）、河道管理相关会议、履职培训等，因其他公务无法按规定开展巡河或因特殊原因无法开展线上巡河时，可通过"巡河多样化"功能上报包括履职描述、履职时间、相关图片与文件等证明材料，填写说明所开展的河长制相关工作，经相关人员或组织审核认可后可视为一次有效巡河，避免了基层河长在全力推进治水攻坚工作后还要完成系统巡河"形式"任务的困局，为河长提供更加多样化、人性化的服务，减轻河长履职达标压力，给予基层河长人性化的履职关爱。

2.2.2　建立实时问题台账清单

问题上报功能提供现场发现问题的信息采集、留证上报、离线存储等功能，协助各级河长及巡河工作人员在巡河过程中参考巡河指导意见对河湖管理范围内的各类问题和取水口、排污口等现场情况进行问题排查上报，系统根据 GPRS 定位数据自动获取问题位置，通过文字、现场照片、视频等汇总上传，实现包括问题描述、问题类型、行政区属、河道、问题照片等内容的上报流转，实现河湖问题实时记录上传、工作日志的电子化管理，加快河湖问题发现及响应速度，提高河湖管理水平,为河湖管理工作强监管奠定基础。该模块同样提供离线上报功能,在网络信号不佳或问题属性尚不明确时可将上报问题暂存本地草稿箱,后续完善后可补充上传。

另外,依托视频平台,对重点河湖实行 24 小时监控。接入水务、城管、公安等部门的沿河视频数据,利用图像识别技术,定期抓拍解析影像图片是否存在河湖问题,当图像识别判断出现问题时则自动上报河长系统记录在案,并在判断出现重大问题时,及时通知相关人员对问题进行处理与溯源,显著提升监管工作效率,有效支撑河湖监管业务需求,实现河湖问题的及时监管取证、预警和信息自动推送,推动河湖管理的现代化与智能化。

2.2.3　打通高效事务处理流程

事务处理单元提供河湖问题的情况核实、分发派遣、整改反馈、跟踪复查等功能,采用上报、受理、处理、反馈的闭环机制,实现日常事务实时处理流转在线化,包括事务受理、转办、办结、复核、回收、挂账、留言等,通过优化事务流转处置流程(见图 2.1),提升河湖问题处理工作效率与问题处理质量,利用信息化平台规范河长办对河长呈报问题办理流程和过程,监督管理事务处理的时效与成效。对于河长 App 处理的问题,上报时可在 App 中勾选"已自行处理"选项,无需选择提交对象,问题处理完成后上传相应照片即可实现办结,若存在本级不能解决的问题,则需将问题上报提交至上级进行处理。

事务处理功能页面可分为"交办给我的"和"由我提交的",提供问题详情查阅及问题清单导出功能,事务处理状态、问题来源、问题类型,以及超期问题等多维度要素信息的查询筛选功能。其中问题来源包含来自河长上报、微信投诉、电话投诉等各个渠道,问题类型涵盖工业废水排放、养殖污染、排水设施等各种污染源问题类型。各类用户通过登录河长 App 或电脑 PC 端,即可实现事务快速交办、流转、处理,流程进度全过程留痕,可倒查、可追溯、可问责。

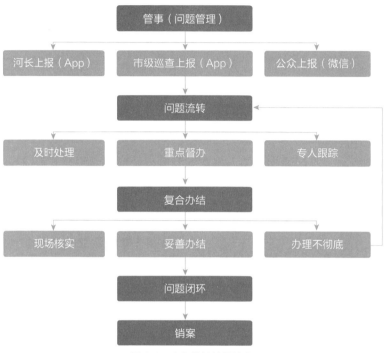

图 2.1 事务流转处置流程

1. 事务受理及流转

系统采用智能关联机制，河长上报问题时可直接选择提交对象（受理部门），原则上市属问题提交市河长办，区属问题提交区河长办。平台收到问题事务后，将事务自动分派给对应河湖的管辖部门，由其通过图像识别技术辅助初步识别问题类型辅助决策，并进行任务受理与指派。市、区两级河长办根据行政区属、事件类型和物件权属，确定是否受理该问题，并在受理问题后将问题分派给相应的职能部门或个人处理，各部门或个人对非职能范围、非管辖范围内的问题可予退回或再流转，实现问题高效灵活流转闭环办理，避免问题错误分派，提高了任务流转效率。

2. 事务办结、复核与二次交办

系统提供了问题查询、受理、转办、复核办结的全流程处理渠道，河长和河长办的工作人员可以方便快捷地使用 PC 端快速处理问题，并通过即时通信功能及时沟通河湖问题、快速协调处理相关问题，提高日常履职工作效率，从而打破部门、区域、层级的壁垒，实现问题即时发现即时沟通、多部门在线协调、事务处理在线反馈跟进的高效处理模式。各职能部门、个人完成问题处理后，即可申请问题办结并上传办结图片，市、区河长办依问题权属对问题处理过程及处理结果进行复核结案，对于复核不通过的问题可继续交办流转。对于已复核结案的问题，市河长办可根据投诉情况和现场抽查情况对不符合结案要求的问题进行二次交办，二次交办仍不能妥善处理问题的，可启动问责机制，快速联系相关责任人员或单位部门，避免传统电话上报、书面沟通等带来的问题描述不清晰、地点定位不准确、责任人员难联系等情况，提高事务处理的效率，提升河湖治理和管理水平，有效促进河湖问题的发现和改善，对消除黑臭水体、打赢治水攻坚战具有重要的支撑意义。

3. 问题挂账

因客观原因而不能在限期内完成整改的问题（如历史违建拆除、截污纳管建设、工程大修等），可由镇（街）或区河长办在事务处理中申请挂账，在提交挂账说明、后续工作方案及相关证明材料后，由市河长办受理审核，审核通过的在挂账期间不纳入未办结问题，不计算办理期限；审核不通过的继续按办理时限在系统中流转办理。系统可根据不同问题的实际情况灵活设置其办结期限，实现事务管理信息化留痕，人性化处理问题情况。

4. 督办交办

督办交办功能为市河长办及人大代表、政协委员提供督办的工作入口。市河长办及人大代表、政协委员通过该功能对重大事项进行督办及监督，通过纸质文件督办交办的可以录入督办交办文件信息、文件编号。各级河长、河长办、职能部门管理人员及管理部门也可通过信息化平台对河长工作进行监督、督促和指导，对高质量上报、处理的问题予以标记以示鼓励。该功能主要用于市级对区级、区级对镇（街）级、镇（街）级对村（居）级的河道投诉问题整治进行监督检查，并督促其进行执行整治。提供对各种来源及各种类型的问题进行监控与跟踪，并可点击查看每个事项的处理详情、当前节点、每个节点完成的时间、是否超期办理等，以时间轴的方式进行展现。操作人员可直接在页面查看由人大代表、政协委员、民间河长和各级河长督办交办的事务情况，也可选择各项查询条件，系统根据查询条件进行检索并进行结果展示。

系统强调业务协同和信息互通，突破时间和空间的限制，减少了沟通协作的时间成本和经济成本，大幅提高了各级河长办、各级河长及相关职能部门的工作效率，确保事务的高效推进和处理，提高治水管理的深度和精细化水平。

2.3　立竿见影，业务闭环显能效

　　广州河长管理信息系统上线后，在服务河长制工作、推进水污染防治尤其是黑臭河涌的治理工作、河湖管理保护工作等方面起到了很好的促进作用，压实了各级河长职责，大大提高了各治水相关部门之间的联动协调合力，治水工作效率显著提升。截至 2020 年 12 月，各级河长已累计通过系统巡河超过 217 万次，巡河时长总计超过 148 万小时，巡河总里程达 618 万 km，上报多样化巡河 1.7 万余次，上报河湖问题 11.64 万宗，平均每宗流转 3.4 次，已办结 11.59 万件，平均办结时长 19.03 天，办结率 99.59%。各级河长办、各级河长、职能部门积极使用 App 开展日常巡河、上报问题、河湖管理保护等履职工作，推进了信息化技术在河长制河湖管理工作的深化应用，规范了"掌上治水"高效巡河履职模式。

关键技术应用1　巡河轨迹技术

【概念】

巡河轨迹技术是指按照一定时间间隔获取移动终端的 GPS 位置，将各个位置坐标分别记录为一个对应的轨迹点，经过优化后，生成平滑的河长巡河轨迹，并在电子地图上进行显示的技术。其中，所述优化轨迹点的整体思想是：计算当前轨迹点与其前一轨迹点的间隔距离，若所述间隔距离不在设定的距离阈值内，则删除所述当前轨迹点。若服务端接收到河长客户端巡河结束的操作事件，则获取本次巡河起止时间，得到本次巡河时长，同时判断本次巡河时长是否小于设定时长。若时间间隔不在设定的时间阈值内，则系统认定此次巡河为无效巡河。

【技术特点】

河长巡河过程中的位置移动信息通过移动终端的 GPS 进行采集，或者借助于高德地图等地图 GPS 采集接口记录 GPS 轨迹点实时数据。

A. 中值滤波法

巡河轨迹点被采集以后，通过将轨迹点设置为该点与邻点距离的中值，实现对轨迹点序列的优化处理，最终形成平滑运行轨迹，提高可视化效果和系统加载性能。

B. 自动获取信息

巡河轨迹技术可以根据所述位置信息，获取所述移动终端附近设定范围内的河道信息，包括：向服务器发送所述位置信息，所述位置信息用于触发服务器反馈距离所述位置信息设定范围内的河道信息；接收服务器反馈的河道信息，得到所述移动终端附近设定范围内的河道信息等。

【主要应用】

A. 巡河轨迹数据采集

巡河轨迹的具体采集方法如下：

待巡河河道的地理位置地图为河长将要巡查河道的电子地图，河长持有移动终端进行巡河后，移动终端通过内置的 GPS 功能，获取河长当前所在的位置，将河长周边河道的信息显示在移动终端上，包括河道与河长当前位置、与河道的距离等，供河长选择需要巡查的河道。移动终端获取河长要巡查的河道后，开始对河长巡河的轨迹进行监测和轨迹点数据采集。移动终端每隔一段时间就获取河长当前所处的地理位置坐标，将该位置坐标记录为一个轨迹点，并记录当前时间。把根据该位置的地理位置坐标，计算当前轨迹点和上一个记录的轨迹点间的距离。

根据记录的轨迹点及其时间先后顺序，将相邻的两个轨迹点进行连接，得到巡河轨迹；根据轨迹点记录的时间和巡河轨迹，生成巡河信息：巡河开始时间、巡河结束时间、巡河时长和巡河距离。

巡河轨迹生成步骤总结如下（见图2.2）。

步骤1：河长进行巡河，移动终端开启GPS功能进行定位，采集河长巡河起始点的经纬度，并在所述移动终端界面上动态显示巡河开始时间，巡河时长及距离信息。

步骤2：移动终端继续记录河长下一个移动位置的经纬度点，并根据已经记录的经纬度点计算出河长已经巡河的距离。当检测当前河长所处位置的经纬度点与上一个记录的经纬度点距离过大时，对记录的经纬度点自动进行修正。

步骤3：系统根据修正后的经纬度点，绘制出河长的巡河轨迹，并将巡河轨迹显示在所述移动终端的电子地图上，系统重复上述过程，直到河长点击结束巡河。

步骤4：河长结束巡河时，系统先检测所述移动终端当前的网络状况。如果所述移动终端的网络没有连接，则将巡河轨迹先缓存至本地草稿箱，待检测到网络已连接上时，再提醒河长将巡河轨迹进行上报；否则提醒河长及时上报轨迹。

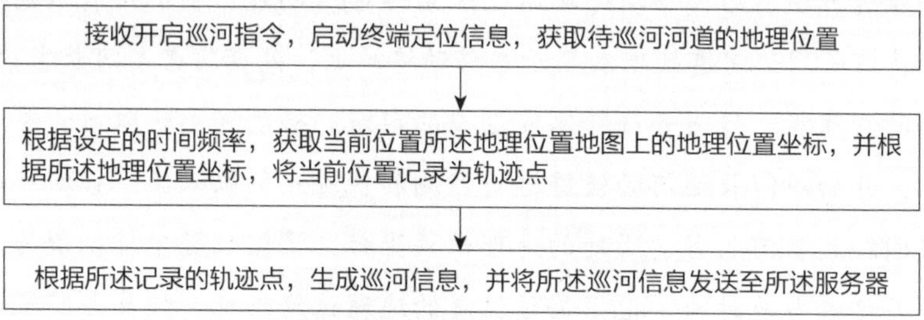

接收开启巡河指令，启动终端定位信息，获取待巡河河道的地理位置

↓

根据设定的时间频率，获取当前位置所述地理位置地图上的地理位置坐标，并根据所述地理位置坐标，将当前位置记录为轨迹点

↓

根据所述记录的轨迹点，生成巡河信息，并将所述巡河信息发送至所述服务器

图2.2　巡河轨迹数据采集流程示意图

B. 巡河轨迹优化

巡河轨迹点序列数据通过智能优化单元进行优化，采用中值滤波的轨迹纠偏方法。中值滤波的主要作用是消除孤立的噪声点，使数据序列展示得更加平滑，是一种基于排序统计规则的非线性处理技术。其基本原理为在一组数字序列中，每个点的值更改为该点所有领域点值的中值，从而达到消除孤立点对整体数据影响的效果，使数组序列更加平滑。

初步处理后数据受到孤立点的影响更小，使得轨迹路线更加平滑，但是在无法消除非孤立噪声点的情况下，平滑处理后的中值误差仍比较大。因此进行如图2.3所示的算法优化。

针对普通中值滤波算法，增加"最小临界值、最大临界值、累计临界值、中值数目最小值"共四个参数来控制滤波作用。具体实现逻辑如下：根据"最小临界值"在巡河轨迹数列中过滤出轨迹点(x, y)领域的坐标点，判断这些坐标点的数目是否大于"中值数目最小值"，当领域坐标点数目大于该值时，每个点的值更改为该点所有领域点值的中值，否则将"临界值"加上"累

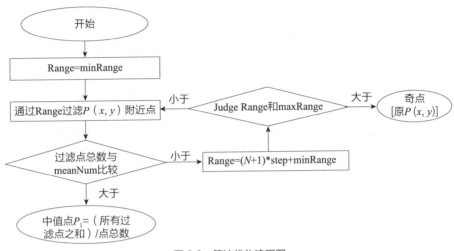

图 2.3 算法优化流程图

计临界值"，并重新进入初始判断。当"临界值"大于"最大临界值"时，则将该坐标点位置为奇点，进行返回。

由于轨迹点比较多，通过对所有范围直接进行平均操作的方法，提高预处理效率。

当奇点连续出现多个时，算法判断这些奇点为一条新的路径，而不是摒弃奇点。也就是，设置一个"最小奇点数"参数，当连续奇点大于"最小奇点数"，则认为这些轨迹点是正常点，并存在新路径，否则摒弃该奇点。

【应用实效】

通过应用优化后的中值滤波法对实际数据运算分析得到以下结论：轨迹点的中值平滑处理更符合实际数据数值；对"奇点"的处理，提高了轨迹的准确性和算法的效率。截至 2020 年 12 月，各级河长已累计通过系统巡河超过 200 万次，巡河轨迹技术的应用让河长巡河轨迹更精确，督促相关责任单位开展整治、考核工作。

关键技术应用 2　图像识别技术

【概念】

图像识别技术是指融合图像角度识别、水质检测、漂浮物识别、排水口坐标检测等技术，对图像进行对象识别，以识别各种不同模式的目标和对象的技术。

在广州河长制工作中，图像识别技术支持了河涌漂浮物、排污口等各类污染源的自动识别提取、智能识别河涌水质颜色等，辅助河长方便快捷地管理河涌，提高河长的工作效率。

【技术特点】

广州河长管理信息系统采用的图像识别技术识别准确率高、模型建立快、识别速度快，提升对诸如图像模糊、方向不定等情况的识别精度。

A. 轻量级角度识别

由于河长或公众在 App、微信上传的材料图片方向不定，系统需要识别图像的方向。为此，使用轻量级图像分类网络实现图像识别，识别速度可达每秒 200 幅，准确率达到 99%，并根据识别结果的置信度判断是否可信，不可信则再次验证，保证了识别的准确性。

B. 自动图像质量优化

采用去黑边、纠偏、清晰度检测、噪点优化等技术，提升图像识别的准确性。

C. 高精度识别

水质检测设计实现了基于场景颜色和多尺度的特征图检测的水质检测网络，共享权重，保证了每秒 8 幅的速度、95% 以上的精度。河涌污染识别算法增加水面漂浮物检测分支，用于回归漂浮物坐标。同时改进骨干网络，在保证精度的同时提升识别速度，该算法在数据采集时，河涌污染识别准确率可达 98%。

D. 高贴合度语言模型

采用公开数据和巡河数据进行训练，建立贴合度更高的河涌问题图像的语言模型。

垃圾物、漂浮物、蓝藻、排水口排水等水务问题的图片一般存在具有较显著的图像特征，图像识别技术通过机器学习技术和卷积深度神经网络，不断地提炼被识别物的图像特征，提升图像识别的准确率（见图 2.4），具有较好的效果和良好的可行性。

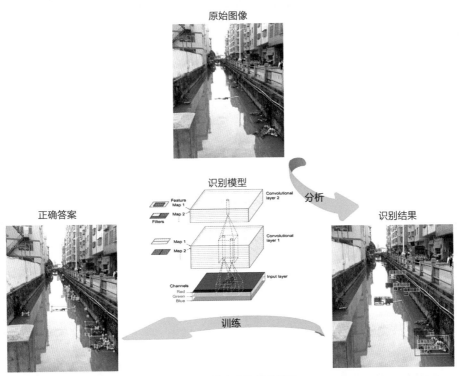

图 2.4　图像识别与训练流程

在推断的时候，输入原始图片，使用卷积深度神经网络等技术，结合全局视觉感知局部图像特征，通过算法模型分析水面特征、异常物特征，得到判断结果。在训练过程中，采用历史数据越多训练结果越精确。现模型通过各种水务场景的图像数据集进行训练，能够在各种通用场景下达到相当高的识别率，使得模型更加适配实际画面场景，准确度更加完美。

【主要应用】

系统运用人工智能技术对视频进行全自动的智能识别，摄像头每20s至2min（由识别任务需要的实时性而定）抓拍视频画面，可以定时转动、调焦等，从而以多个不同角度考察河涌情况，通过对视频图像进行特征分类学习、识别和分析，实现河湖的精细化监测，进行综合水体识别、水体垃圾物识别、水体漂浮物识别、水体颜色识别、排水口监控、建筑废弃物等判断识别任务，提升工作效率，减轻河长办人员、河湖保洁人员的工作强度，进一步减少垃圾、污水入河等污染问题数量，提升水环境面貌。

以下介绍各种识别算法。

A. 水面识别

功能：依托海量数据，使用深度学习、图像分割等技术，对图像中水面区域进行识别、分割（见图2.5）。

优势：以便进一步进行颜色、垃圾物、漂浮物等其他识别。

准确率：在通用河涌数据集测试场景下，区域正确重叠率达到85%。

B. 水上垃圾物、成堆垃圾、漂浮物识别及评分

功能：依托海量数据，使用深度学习、目标检测、区域热点、图像比对、模板匹配、贝叶斯分析等技术，同时利用水面识别的水区域结果，对图像中水域上的垃圾物进行大小、位置识别（见图2.6）。能识别的水上垃圾物主要包括且不仅限：落叶、碎屑等细小垃圾物，塑料瓶、塑料袋、生活垃圾等各种明显的垃圾物，大量细小的稀疏漂浮物，河床露出的淤泥，成堆垃圾（如

输入图像

区域分割图

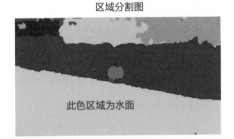

此色区域为水面

图2.5 水面识别示意图

图2.6 水面异常垃圾物识别示意图

积蓄的倾泻物、大片漂浮物，明显的油质、浮泥、杂物等）。识别范围覆盖各种水面异常垃圾物。同时，对倒影、水草等非垃圾物，有着良好的抗干扰性。

优势：根据综合识别结果，依照垃圾物类型、数量、面积等，给出垃圾评分，方便量化评判。

准确率：在某河涌数据集测试场景下，平均垃圾召回率达到87%，平均非垃圾误检率在10%以下。

C. 排水口监控

功能：使用模板匹配、模型比对、深度学习、相关滤波器、细颗粒分析等技术，在图像中定位排水口，并且识别排水口是否排水（见图2.7）。

排水口情况分为没有排水、有排水迹象（如管内有水痕等）、正在排水三个类别。

优势：监控排水口排水情况，杜绝违法偷排现象。

准确率：使用某类排水口数据集测试下，排水口召回率达到95%，排水情况识别正确率达到93%。

图2.7 排水口识别示意图

D. 水体颜色、水质情况识别

功能：由水面识别得到的水域结果，进一步使用深度学习、CNN、DBS聚类、联合贝叶斯分析等技术，对给定的图像，根据水域颜色、透明度情况及分析天色、阴影等干扰因素进行分析，综合判断水体颜色、水质状况（见图2.8）。

水体颜色分析结果

水体偏黑信心指数 ●
具体值: 0.6460294
65%

水体偏黄信心指数 ●
具体值: 0.0000000030387768

水体偏绿信心指数 ●
具体值: 0.9
90%

水体偏红信心指数 ●
具体值: 0

水体良好信心指数 ●
具体值: 0.2
20%

水体颜色分析结果

水体偏黑信心指数 ●
具体值: 0.000000000074501114

水体偏黄信心指数 ●
具体值: 0.9
90%

水体偏绿信心指数 ●
具体值: 0.9

水体偏红信心指数 ●
具体值: 0

水体良好信心指数 ●
具体值: 0.000000008971551

水体颜色分析结果

水体偏黑信心指数 ●
具体值: 0.7896169
79%

水体偏黄信心指数 ●
具体值: 0.000000005140199

水体偏绿信心指数 ●
具体值: 0.0000000018728255

水体偏红信心指数 ●
具体值: 0

水体良好信心指数 ●
具体值: 0.000000000009548531

图 2.8　水体颜色识别示意图

识别颜色主要如下：①水体偏黑：颜色偏深黑色，例如黑臭、死水等；②水体偏黄：颜色偏黄，例如浑浊、多黄沙等；③水体偏绿：颜色偏绿，例如深水，但也可能存在绿藻；④水体偏红：颜色偏红，一般是浑浊严重或排污污染；⑤水质良好：如情况良好的江水海水，一般偏蓝绿色。

优势：立足于江河净化，实时监控水体颜色及水质状况，实现突发异常上报。

准确率：某河场景下测试水体各颜色平均精确率达到85%。

E. 建筑废弃物识别

功能：使用深度学习、模板比对等技术，识别图像中是否存在成堆砖块、碎石等建筑废弃物（见图2.9）。

优势：分析是否存在建筑废弃物，产生报警及时处理。

准确率：某测试场景下准确性为91%。

排水设备
检测到排水口
建筑废弃物
存在

图2.9　建筑废弃物识别示意图

【应用实效】

截至 2020 年 12 月，广州河长 App 实现了累计用户数 1.9 万余人次，广州市河长办通过图像识别技术帮助各级河长处理问题 7 万余起，识别重大河涌问题 981 宗。图像识别技术的应用，让河长办、河长的工作更加精准、便捷、实时，督促相关责任单位开展整治工作，督促各区河长办压实河长履职，提高河长履职效率及水平，有效提升用户体验。

关键技术应用 3　工作流引擎技术

【概念】

工作流引擎技术是实现工作流业务的技术框架的总称。它是针对平时工作中的业务流程活动而提出的一个概念，目的是将工作内容分解成定义良好的任务或角色，根据一定的原则和过程来实施这些任务并加以监控，从而达到提高效率、控制过程、提升客户服务、增强有效管理业务流程等目的。

引入工作流技术，可以更好更快地实现广州河长管理信息系统的工作目标，可以利用计算机在很多参与人之间按某种既定原则自动传递文档、信息内容或者任务，提升工作效率、加强工作监管与增强业务管理。

【技术特点】

工作流是对工作流程及其各操作步骤之间业务规则的抽象和概括描述。

A. 标准化、视图化

工作流是业务逻辑代码按照指定流程的格式化，即原来可用代码完成的任务流程，现借助工作流工具来进行标准化、视图化。如一次巡河过程、一次上报情况、一次调度任务的运行等，都是可以是一个工作流。工作流将抽象的代码实现过程通过可视化的流程图展现出来。

B. 直接实现配置化编排业务

工作流本身是一种工程化的设计思想、设计模式或者说思维方式，不涉及任何的具体编码，即所有业务代码还是需要人工完成，只是用工作流的方式来规划和编排代码运行方式。对于某些垂直的业务，工作流本身就是业务实现的具体方式，例如审批流的配置，可以直接通过工作流引擎的方式直接实现配置化编排业务。

【主要应用】

广州河长管理信息系统采用工作流技术在业务流转（问题，交办、督办、有奖举报、污染源）方面进行深入的应用，它是一个组件模型，将应用程序的不同功能单元（称为服务）通过这些服务之间定义良好的接口和契约联系起来。接口是采用中立的方式进行定义的，它应该独立于实现服务的硬件平台、操作系统和编程语言。工作流引擎使得构建在系统中的服务以一种统一和通用的方式进行交互。

工作流管理与服务中间件主要包括以下方面。

A. 工作流模板的定义

根据不同应用的需求定义不同工作流模板节点，形成特定的工作流模板，并提供保存等功能。

B. 工作流模板的运行管理

工作流模板的运行管理包括：启动或终止流程实例；获取工作流流程定义及状态；工作流流程实例的操作，如创建、挂起、终止流程，获取和设置流程属性等；获取流程实例状态；获取和设置流程实例属性；改变流程实例的状态；改变流程实例的属性；更新流程实例等。

【应用实效】

工作流提供了一种很好的工程化方式来解决业务问题，使得业务抽象、流程格式化、易维护和易拓展，让业务在一定程度上能够可视化。截至2020年12月，系统内总计已流转的问题1.5万余个，已流转的交办368个，已流转的督办6901个，已流转的有奖举报9567个，已流转的污染源超过9万宗。

3 | 强监管
—— 探索新型监管模式

QIANGJIANGUAN
—— TANSUO XINXING JIANGUAN MOSHI

3.1 严格的监管督导体系是河长制从见河长走向见成效的必由之路

2019 年 12 月，水利部办公厅印发《关于进一步强化河长湖长履职尽责的指导意见》（办河湖〔2019〕267 号）中明确，河长制能否实现从"有名"向"有实"转变，能否落地见效，河长履职担当是关键，需强化考核好责任追究，解决好"干不好怎么办"的问题。

河长制实施以来，各级就落实河长制、推动河长履职等方面出台了一系列的政策与措施，广州市先后印发了多项文件，逐渐形成了较为成熟的河长日常履职规范和要求，如河长需要定期开展巡河、"四个查清"等，并通过河长管辖河湖的水质、河湖的污染源数量、问题发现及处理情况对河长进行日常的考核评价，并进行相应的激励问责。但目前还没有出台过河长履职标准以明确河长的履职成效，履职缺乏考核评价机制，无法对河长履职进行科学量化评价，在一定程度上影响了河长的履职积极性，存在一些形式履职与不积极履职的情况，特别是基层河长的履职存在重大问题偏少、问题描述不规范、打卡式问题上报等情况，对重大污染问题往往视而不见、避重就轻，甚至刻意隐瞒，长久发展下去河长制就会变成一个空架子，河长开展工作也就应付了事，消极对待。基层河长履职问题已成为约束河长制推进的一大绊脚石，严重影响河长制落地生根、从"有名"向"有实"转变。在监督范围广、问题多、手段落后、人员不足等情况下，各级河长办、各级河长都应该根据具体工作内容设置不同的考核标准，保证河长工作得到有效监督，保证河长制工作得到切实执行。

与此同时，治水工作主体责任仍存在应付式履职情况，部分河长的水污染防治工作责任尚未真正落实。根据广州市河长办统计数据显示，2018 年 1—6 月广州全市区级河长总人数为 275 人，平均巡河不达标率为 3.27%；镇（街）级河长总人数为 1019 人，平均巡河不达标率为 11.85%；村（居）级河长总人数为 1723 人，平均巡河不达标率为 18.30%。部分河长履职还不到位，存在河长不积极履职与形式履职的现状，基层河长上报重大问题偏少、问题描述不规范、打卡式问题上报等，对"查清河道两岸通道贯通情况、蓝线内的疑似违法建筑、流域内的散乱污场所、沿岸所有排水口排水情况"等"四个查清"的工作要求熟视无睹，虚报、瞒报、拒报问题数据，导致现场河涌水质较差。

3.2 以压实责任为目标，构建监督管理体系

广州市河长办基于现状河长管理体系实践过程中存在的短板漏洞，采取各方面措施，初步形成了河长制从"有名"向"有实"转变的具体路径和方法，并不断融入管服并重的理念，通过运用广州河长管理信息系统中的"河长履职评价""河长周报""红黑榜"等功能，结合媒体曝光、通报问责等多项措施，帮助河长履职，监督河长履职。按照"河段－河长－问题－水质"四种关联的分析方法，进一步完善河长履职考核标准，强化追责问责约束，形成层层收紧的河长监管模型（见图3.1），从而促使河长从形式履职向内容履职和成效履职转变。

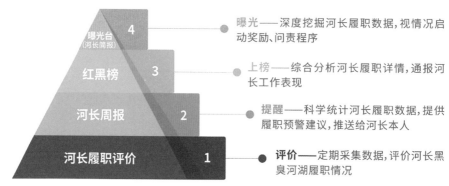

图 3.1　层层收紧的监管模型

3.2.1　建立层层收紧的监管模型

1. 制定履职评价标准

为推动强监管常态化、规范化，科学量化考核河长履职的全过程，实现基层河长监督范围全覆盖，制定科学、合理、全面的河长履职评价指标体系及评价方法是十分必要的。以广州河长管理信息系统运行经验为基础，结合党中央、国务院和相关部委对河长制推行的具体目标要求以及广州河长履职评价现状，基于广州河长履职评价实践，根据河长履职相关因素的数据分析，广州市河长

办建立了一套面向河长的《河长履职评价指标体系及评价方法》，规定河长履职的指标评价体系、指标内涵及不同级别河长与不同河涌类型河长履职指标计算方法、评价方法，包括村（居）级河长黑臭河湖履职评价权重表、村（居）级河长一般河湖履职评价权重表、镇（街）级河长黑臭河湖履职评价权重表、镇（街）级河长一般河湖履职评价权重表、区级河长黑臭河湖履职评价权重表、区级河长一般河湖履职评价权重表。同时利用河长管理信息系统实现自动跟踪、自动汇集河长履职数据，以数据统计分析的方式对各级河长的巡河、问题上报、问题处理、下级河长管理、河湖水质、激励问责、社会监督、学习培训等八个方面进行量化计算评价，并以不同指标的评价结果为依据，对各级河长按照文件要求开展工作的情况、工作取得的成效进行监督管理，督促河长积极履职，真实反映河长的履职情况，并筛选出优秀河长与履职不积极的河长，鼓励先进，鞭策后进，激发调动河长工作的积极性、主动性。

《河长履职评价指标体系及评价方法》目前已在广州河长管理信息系统建设中推广试用，在该标准的指导下，系统根据不同级别的河长及情况个同的河涌，结合河长的各项工作内容进行数据的深度挖掘，经过多个维度不同专题的深入关联分析，严谨且人性化地给予河长独立的评分体系。同时，系统能在河长工作内容发生变化以及负责河涌发生变化时，灵活地根据各项指标权重的变化重新制定河长的评分体系，以信息化、智能化、专业化的手段实现对河长的自动评分评价，减少人为干预，确保评价结果公平公开。

2. 打造履职反馈工具

主动聚焦各级河长的履职实际需求及河长办监督管理业务需求，打造以不同级别河长的履职侧重点为主线，以各级河长的综合履职内容为落脚点的履职反馈工具——河长周报；整合应用广州河长管理信息系统中河长各项履职任务完成情况数据资源，并根据广州市城市排水监测站提供的水质变化情况数据，为河长及河长办提供周期性、全方位的工作总结数据报告，监督指导河长履职，解决河长对自身河湖巡查完成与否等履职情况不清楚、难以及时掌握所辖河湖的最新状态等问题；利用信息化手段为河长办加强落实监管提供依据，实现监督决策科学有效、业务管理有序、责任追究得当，提升综合监督水平和工作处置效率。

河长周报模块包含河长周报及河长办周报两项内容。河长周报每周定期向各级河长推送个人履职情况数据报告，根据各级河长不同的履职内容展示包括我的巡河、"四个查清"、水质变化、我的问题上报与处理、下级河长履职、我的App 使用等数据，帮助各级河长及时掌握自身及下级河长履职状态，同时对河长履职不到位、履职薄弱环节进行预警与个性化建议，督促河长根据实际情况及时调整工作计划、更科学有效履职，积极提升履职水平。河长办周报提供周期内河长办部门及其下辖人员履职信息数据汇总统计，包括 197 条黑臭河涌水质、河涌问题、"四个查清"、河长巡河、197 条黑臭河涌责任河长履职情况以及App 使用等数据与动态变化，帮助河长办直观全面地掌握全市河长制工作总体状况，显著提升河湖治理监管工作效率，有效支撑河长制工作监管业务需求，使得河长管理系统成为河长制工作智能监管的利器。

（1）河长巡河及我的巡河。提供巡河统计数据，一目了然地监控河长巡河情况。河长周报实现各级河长当周开展的有效巡河的天数、频次、时长、里程及巡河轨迹地图等数据的汇总展示，并根据《广州市河长湖长巡查河湖指导意见》，对河长巡河不符合要求的地方予以履职提醒，帮助河长直观地掌握自身巡河达标情况，及时调整巡河计划；河长办周报实现各级河长有效巡河率、零巡河及巡河不达标河长人数等数据统计展示，为河长办监管问责提供数据支撑，实现了有理有据、有数可查、有据可依。

（2）河涌问题及我的问题上报与处理。提供河涌问题发现与问题处理数据反映河涌本周问题数量及总体处理情况。河长周报实现河长管辖河段的不同来源问题，包括我的上报、市民投诉、市级巡查与问题处理办结数据的汇总展示，提醒和督促河长积极发现和上报问题并及时有效地处理问题；河长办周报实现全市河涌问题发现，包括来源于河长上报、社会监督、市级巡查的不同类型问题与问题处理办结率的数据汇总展示与动态变化，帮助河长办及时关注存在问题高发、公众投诉严重等情况的河段，以便及时调整后续工作重点，加强监管相应责任河长巡河工作并督导问题有效解决。

（3）"四个查清"。提供河长"四个查清"（河道贯通情况、河道蓝线范围违建情况、河道沿线排水口情况、河长管辖范围的"散乱污"企业情况）工作开展情况数据，进一步加强落实河长巡河的要求。河长周报实现各级河长开展管辖范围内的"四个查清"工作次数统计，督促河长落实"四个查清"；河长办周报实现未开展"四个查清"工作的各级河长人数统计，有效监管各级河长落实"四个查清"工作。

（4）下级河长履职。提供下级河长履职统计数据，清晰明了地将下级履职情况反馈给上级河长，加强上级河长对下级河长的履职监督。河长周报实现下级河长人数、巡河不达标、上报问题情况等数据的汇总展示，当下级河长存在巡河不达标、履职不力问题上报不积极、上黑榜通报等情况时，系统将给出相关建议，提醒河长加强监督下级河长履职。

（5）水质变化。根据广州市城市排水监测站提供的水质变化情况数据，展示 197 条黑臭河涌水质同比上期变化数据，实时掌握黑臭河涌水质变化情况以便及时响应，调整相应的河湖治理措施。河长周报实现管辖区域河段水质变化情况报告，反映河段水质同比上期是持平、好转或恶化，督促提醒责任河长加强水质恶化河段的巡河及问题上报处理；河长办周报实现全市 197 条黑臭河涌水质变化数据统计，根据不黑不臭、轻度黑臭、重度黑臭河涌数量变化加强监管河长履职工作，以结果为导向，督导河湖问题处理。

（6）App 使用。提供专栏文章及河长使用数据，反映 App 使用情况。河长周报实现河长每周在河长 App 的签到次数及专栏内各栏目文章阅读量统计，督促河长每周使用 App 及关注治水相关动态；河长办周报实现全市河长用户数量、零签到河长人数、专栏文章发布及阅览情况数据统计，以便河长办及时了解河长 App 使用率与新发布文章的反馈情况，落实督导河长使用信息化工具，掌握新发布资讯的普及效果。

3. 公开履职评价信息

在广州河长管理信息系统里设立的河长榜单包括"红黑榜"和积分榜。积分榜对各级河长使用 App 的积分进行统计排名，体现个人运用 App 开展工作的活跃程度；"红黑榜"用于通报河长履职优秀或较差的情况，表扬在河长制工作中尽职尽责、成绩优异的河长，通报批评履职不力的河长，起到鼓励与警醒的作用，榜单全面公开，进一步传导了履职压力，充分体现"红脸出汗"的效果，"红黑榜"附带浏览次数统计、点赞、评论、分享等互动功能。通过系统中履职数据的连续性变化分析来监控河长履职变化趋势，对河长的巡河轨迹、责任河涌水质、下级河长履职情况等多方面分析评估，对履职优秀、分级管理到位和积极推进治水工作的河长利用红榜进行示范表彰，为广大河长树立优秀榜样，带动全体河长更好履职；对河长履职不到位、应付式巡河、打卡式巡河、上报问题避重就轻、分级管理不力、问题推进不力等情况利用黑榜进行公开督促和提醒，同时为全体河长作出履职警示。

除上述对履职不力河长进行"红黑榜"通报外，广州市河长办还对黑榜上榜河长进行"曝光台"曝光，每月定期通报履职差的河长。利用河长管理信息系统中丰富多元的河长履职基础数据，对黑榜曝光的河长进行深入分析，寻找河长履职过程中不到位的蛛丝马迹，并利用内外业融合机制有效结合，形成了以"河段 – 河长 – 问题 – 水质"四个技术关联路线反映问题，并对此问题进行数据的双向、可追溯式、多元化管理、分析，保证内业管理中河长的形式履职、内容履职、成效履职可建立评价体系，以此来不断压实河长履职责任，及时解决相关存在的问题，分析河长履职差的原因，追踪该条河涌水质反弹、水质黑臭的成因，并就此成因提出针对性的意见建议，供责任主管部门及时整改，必要时对其河长进行深度曝光，以此来促使河长履职更上新台阶。

为进一步压实河长履职工作基于河长 App 系统中河长周报反馈的数据信息，以河长管理、服务河长、曝光台为主体内容，自 2019 年起每月定期分析河长App 中河长巡河、问题上报、巡河轨迹、水质情况等基础数据，编写反映基层河长履职情况的《河长管理简报》，通过数据汇总、分析、整理，每月定期通报履职差的河长及区级单位，曝光履职差的典型河长。

3.2.2　实现无纸化日常考核

系统考核功能为各级河长办考核下级机构、河长提供便捷的考核模板制定、考核下发、自评、资料填报、评分奖惩、统计分析及公示管理服务，为河长制周期性考核及临时性考核提供便捷的手段。

考核评分模块提供考核模板编辑与考核发起设置等功能。考核模板实现灵活的分级设置并提供 Excel 模板导入，可灵活下发给部门或个人；各级别的河长制办公室、总河长、河长、职能部门、巡查员、保洁员，因其工作内容存在差别，考核指标也应该存在差异，考核模板功能提供对不同角色的考核指标管理，操作人员可自定义各项指标信息。各部门可自定义考核模板或利用下发的模板发起考核，选择考核周期及对象后即可发起考核，被考核对象利用功能模块实现自评及证明材料上传；考核发起人审查考核人自评情况及证明材料，通过比对被考核人的考核指标和工作成果，对被考核人进行打分评价，形成考核评价报告，作为被考核人的绩效依据之一。考核评分可根据河长制任务分工，将评分权限按考核项逐个分配到责任部门，实现灵活、快捷的无纸化考核，全过程留痕。

考核自评功能实现根据河长的考核指标和管辖范围，提供对应的自检计划，通过设置的时间频次，自动提醒河长进行工作自检。河长可根据考核指标结合自己的工作所得，在线填写自检工作报告提交上报相关河长制办公室。

另外，电话抽查模块提供自动随机抽查功能，对各级河长办设置抽查数量、抽查范围、问题上报数量、巡河率和抽查时间，即可在数据库中随机抽取符合条件的河长信息进行电话抽查，通过抽查情况记录，实现抽查台账的无纸化管理和记录。

通过系统考核功能，各级河长办可以制定考核模板对本级职能部门发起考核，根据河长制的任务分工，将评分权限按考核项分配给相应的责任部门，考核评分依据实时上传，线上留痕，压实了职能部门的履职责任。

3.3 锋芒毕露，层层扎牢见能动

广州利用河长管理信息系统实现自动跟踪、快速检测河长履职数据，通过数据分析比对，及时提示河长履职情况，对履职不力、虚假巡河的河长，在河长App红黑榜、《河长管理简报》及媒体中进行通报和曝光，严重的移交河长办监督问责组追责，层层收紧河长警示和问责力度，传导工作压力，倒逼履职不到位河长提升自身履职水平和意识。

广州河长管理信息系统自2018年7月起陆续向各级河长推送河长周报，截至2020年12月中旬，已向各级河长推送河长周报共126期，合计超过36万份个人履职报告。履职评价模块上线以来，对河长履职起到了促进作用，河长履职评价排行榜最后一名从48分上升到现在的71分。黑榜人数：2017年2人、2018年122人、2019年15人、2020年20人；红榜人数：2017年9人、2018年41人、2019年11人、2020年5人。各级河长在掌握了河长周报的功能后，能够清晰地了解自己的巡河情况、问题上报及解决情况等信息，与2018年1月河长周报未上线前相比，基层河长的履职数据规范性、完善性有了显著提升，特别是巡河率、问题上报数及"四个查清"完成数等数据上升明显。截至2020年12月，村（居）级河长巡河达标率从77.02%提升至93.77%，镇（街）级河长巡河达标率从89.39%提升至95.99%，区级河长巡河达标率从88.52%提升至91.61%。河长上报问题积极性增加，一是零上报问题河长数量减少，村（居）级河长从1599人减少至697人，零上报问题河长比例从92.80%减少至38.25%；镇（街）级河长从787人减少至435人，零上报问题河长比例从77.23%减少至42.35%；二是人均问题上报量增加，村（居）级河长从0.13个/人提升至1.06个/人，镇（街）级河长从0.13个/人提升至1.01个/人。

2018年以来利用广州河长管理信息系统平台数据，监管各级河长巡河时间、轨迹、距离、次数，以及上报、交办、转交的河湖问题当前经办人、办理情况等信息，通过对巡河数据和河湖问题的分析比对，及时发现履职不力、虚假巡河的河长，并移交问责组追责，共配合提供 227 个河长履职线索，有效地提升了河长管理监督精准化。截至 2020 年 12 月，红榜上榜共 65 人，黑榜上榜共 145 人，已编制完成《河长管理简报》23 期，曝光履职差的典型河长 64 名［其中镇（街）级河长 14 名，村（居）级河长 50 名］，系统考核评分 22 次，电话抽查 368 次，抽查河长 359 名，不仅传导工作压力，还增强了执纪问责警示和教育的效果，有效推进河长制湖长制工作落实。

4 优服务
—— 完善服务赋能机制

YOUFUWU
—— WANSHAN FUWU FUNENG JIZHI

4.1 贴心的服务培训体系是打造河湖治理长效机制的主动作为

问责是河长制强监管的重要措施，往往能够起到"问责一个，警醒一片"的作用，但过度依赖问责也存在一定的局限性。一些不合理的"层层加码"做法给基层河长带来了难以承受的巨大压力，造成基层河长带有抵触的负面情绪。党的十八大后，中共中央办公厅印发《关于解决形式主义突出问题为基层减负的通知》（中办发〔2019〕16号），要求力戒形式主义、官僚主义，切实为基层减负。一边是严峻的水污染现状亟待解决，一边是要切实为基层减压，如何合理而有效化解之间的矛盾，是河长制管理的一道难题。

基层河长大多数是基层党政领导干部，来自各个领域，通过线上调查问卷，发现仅有 21.8% 的河长有过河湖治理经验。基层河长对最新政策文件不理解、履行职责不顺畅、下级管理难开展、河湖治理缺经验，部分基层河长对开展河长管理工作存在"不会管，以致不想管"的思想，对如何通过手机使用广州市河长管理信息系统开展签到、巡河、涉河湖问题上报及处理等存在畏难情绪，不利于基层各部门建立协同有效的工作机制，容易造成基层部门推诿扯皮、久拖不办的不良局面。同时，部分河长管理河湖多、河湖问题杂，由于工作繁忙，偶尔会出现漏巡河的情况，难以及时掌握所辖河湖的最新状态以及河湖巡查完成与否等情况。

2019 年，广州市新上任区级河长 51 名，占总数的 19.7%；新上任镇（街）级河长 202 名，占总数的 24.7%；新上任村（居）级河长 180 名，占总数的 10.6%。基层河长不但要按部就班抓落实，还要结合本地河湖治理特点和工作需要，有针对性地把任务分解到有落实能力的单位和个人。一些"半路出家"的新任河长，没有接受过履职培训，还没了解透彻河长制的文件制度和规范，还没搞懂一般河湖和黑臭河湖的巡河要求，若是一味地以责代管，好的制度规范就有可能成为"制度圈套"。齐抓共管抓治水，需要基层河长具备丰富的治水知识、履职能力和管理经验，河长的频繁变动对相关工作开展造成不利影响，但线下培训仍存在规模小、受众少的问题。一方面，基层河长作为党政干部面临"上面千根线"的客观事实，不但要在河长制工作上下大力气，还要花更多的精力在环保、城管、城乡建设等各项重点工作上，存在力不从心的局面；另一方面，河长制推行多年，制定的文件和规范多，基层河长缺乏系统的履职学习，对各类型水体的巡河频次、时长，以及利用信息化手段开展问题上报、处理等工作要求掌握不足。因此，如果能够在强监管、强问责的基础上，强化河长履职的"源头管理"，提供差异化、针对性的培训为河长履职"赋能"，不仅有利于更好发挥河长履职效能，同时也是强监管的有益补充。

广州市水系发达，江河湖泊众多，每条江河、每个湖库的实际水情况各不相同，河长履职也应当因地制宜、因水施策，具备一定的灵活性。初期的各级河长巡河策略可总结为"一视同仁"策略，即单位河涌长度实施相同频率的巡河视察，河长对其责任区域河涌实施"一天一巡"的策略。经总结发现，一些河涌对当前巡河策略具有敏感性，在一段时期内"一天一巡"的策略下，一些水质较好的河涌其水质考核指标始终能满足考核要求，而一些水质较差的河涌则趋向于水质变好，但一些水质较差的河涌其水质考核始终不能满足要求。在相同的巡河策略下，容易造成水质好的河涌始终考核达标，一些水质差的河涌其水质趋向变好，而其他一些则没有变化，黑臭水体存在水质反复的情况，为了加快实现黑臭水体"长制久清"的目标，各级河长巡河工作仍然不能松懈。随着河长工作推进以及河湖水质、周边环境变化等，广州的河长管理工作以河长管理信息系统为基础，对河长日常工作、下级监管等方面进行评价，并根据河涌年度考核水质设定一套评价标准，对河长履职提出相应的规范性要求，以所辖河湖的实际情况为重要动态考量因素，推动河长开展河湖管理保护工作，激发河长履职积极性，丰富河长内容履职、成效履职的监管内容和手段，促使河长履职提质增效。

4.2 以用户需求为导向，培养减负增效助手

4.2.1 搭建掌上网络课堂

为了更加高效便捷地协助河长们提升自身履职水平，促进河长履职尽责，提升河长的工作效率、效果与效益，广州市河长办本着"管理河长、服务河长"的工作理念，于 2019 年年底开发上线专注河长制的移动学习平台"广州河长培训"小程序，为各级河长提供政策法规解读、履职技巧培训、经验举措分享等一系列的知识技能培训软保障，河长仅需关注微信小程序，就可以实现参与直播学习、河长会议报名签到、在线学习经典案例等多项功能，利用日常工作间隙和闲暇时间，随时随地享受与线下培训同质化、自助一站式智慧学习服务。通过线上学习平台与线下培训相结合，双管齐下搭建河长学习培训的联动平台，为河长和河长办提供履职所需的理论指引与实践参考，增强河长履职培训工作的渗透力、感染力和影响力，让新上任不熟悉工作的河长、存在履职薄弱点的河长切实提升河长履职能力与水平，让河长办利用有效的培训措施及工具提高管理下级河长和河长办的效率和水平，助力解决河湖治理工作推进不顺畅、河长履职成效弱等问题。

"广州河长培训"小程序提供视频、漫画、治水案例、趣味答题等丰富多元的线上学习课程资源，同时也不断完善内容建设和更新，逐步打造成切合河长履职能力提升需求的掌上宝典，设有河长课堂、河长会议、河长漫画、培训教学、经典案例、趣味闯关、任务打卡、经典案例、优秀河长、培训掠影、志愿活动等功能模块。

1. 河长课堂

河长课堂是一系列时长为 5 分钟左右的视频微课程，课程以"一个问题一个微课"为原则，以案例为切入点，开发录制成通俗易懂、深入浅出、贴合履职（包括履职实操、漫说河长、App 指引等内容）的河长微课程，通过小视频讲解的形式细化课程提供河长制相关政策法规解读、治水方法举措、河长巡河工作要求、

履职技巧、工具使用、理论实践分析等培训课程，便于各级河长利用碎片时间日常学习、自我增值，同时也扩大了河长培训的覆盖面，有助于提升各级河长整体履职能力。

2. 河长会议

河长会议提供扫码报名或签到服务，河长只需通过小程序扫码，就能在线打卡签到，参与会议、培训的数据同步导入系统，无须再定期人工统计上报，实现从报名到与会签到记录的全流程"上网""在线"，使得身份核实、数据提取、信息流转均可在线上直接完成，尽显线上服务的亲和力和真实感。

3. 培训教学

为了不影响疫情防控期间河长的培训需求，结合当下直播行业的浪潮，真正做到对河长服务的"高精专"，"广州河长培训"小程序利用云视频技术开展线上直播教学培训，内容包括河长制政策解读、知识科普、专业技能讲授、经验案例分享等。河长只要关注微信小程序，绑定河长账号，就可以在特定时间收看直播，足不出户就能参与河长培训，同时还能在线交流，专业讲师同步语音或文字解惑，不仅响应疫情防控减少人群聚集的要求，更节省河长出行的在途时间与金钱，让河长、公众直观感受科技与河长培训的深度融合和"指尖与会、掌上培训"的便利。同时，培训教学进一步扩大了河长培训的受众群体。广州市根据不同受众的需求陆续开展了多种针对性直播课堂，如小微水体治理、排水单元达标攻坚等专题直播，即以市政府、市河长办关于治水的新政策、新要求为课程主题，让治水新政策、新要求迅速、便捷、透彻地宣贯到每一个河长，提升河长对当前治水热点工作的专业水平和履职能力；而生活污水常识、违法排水举报等普适性治水直播课程，则是利用网络直播的广泛传播力量，大力宣传"开门治水，人人参与"理念，提升广大群众参与治水的热情和参与度。

结合当下直播行业的浪潮，根据受众的需求开展针对性直播培训。聚焦当前治水难点、重点问题开展专题直播，如小微水体治理、排水单元达标攻坚、农村生活污水治理等，提升河长和行业部门对当前治水重点、热点工作的专业水平和履职能力，让治水新政策、新要求迅速、便捷、透彻地宣贯到各参与主体；通过策划生活污水常识、违法排水举报等普适性治水课程，利用网络直播的广泛传播力量，提倡公众节水先行，参与治水，进一步营造"开门治水，人人参与"氛围。

4. 经典案例、优秀河长、河长漫画

以多种形式介绍治水的优秀案例，为河长、河长办以及相关治水单位部门提供借鉴参考。经典案例展示了广州各区和全国各地治水的优秀做法，供河长们借鉴学习，也是面向公众的一个宣传渠道。通过筛选履职尽责、治水有方的河长，总结分享其工作方法与经验，树立先进河长的榜样。

河长漫画是以卡通形式直观展现河长制相关政策、治水措施、治水理念、河长履职相关知识的实用工具，通过生动活泼的形式引导河长提升履职技能与思想水平，迄今为止已推出 14 册，并于 2020 年 1 月出版了《共筑清水梦》漫画集，助力河长轻松掌握知识技能，快速上手工作。小程序中上线了其中两册内容，分别是《河长的一天》与《大家一起来治水》，向大众及新入职河长普及河长制相关知识。

5. 培训掠影

培训掠影是每一期线下培训的简要总结，河长可通过培训掠影回顾河长培训活动现场，实现线下培训的线上信息化。

"广州河长培训"小程序通过政策解读、广州治水思路分析、管理举措介绍、河长履职指引、河长制知识科普、经典治水案例分享等丰富的内容，通过视频课程、闯关游戏、系列漫画等多元的形式，为河长、河长办、志愿者及市民参与广州河长制提供资源充足的培训服务，践行广州河长制"管理河长、服务河长"的理念和宗旨，深入扎实推动河长制从"有名"向"有实"转变。

4.2.2 强化智能履职提醒

"我的履职"是各级河长、河长办提供个性化的履职信息的直观展示服务和履职提醒（见图 4.1），按照巡河指导意见的要求，通过履职周期配置、履职数

据展示和履职数据查询，提醒用户及时完成周期履职工作，为河长实现了清单式履职、"傻瓜"式巡河的模式。个人履职页面根据河长级别、责任河段实时推送展示当前周期履职任务及当前履职完成的进度，为各级河长提供查看自身近期履职情况，并指导、提醒用户完成周期履职工作的相关服务，包括一般巡河、黑臭巡河、"四个查清"、上报问题、事务处理进度、污染源上报、文章阅读、考核评价及签到等履职内容的汇总展示，提升了河长落实巡查工作完成情况的意识。在河长办"我的履职"页面中，为各级河长办提供管辖河长的履职信息汇总，包括辖区河长的巡河情况、管辖区域内的事务处理情况汇总，为各级河长办指导、提醒管辖河长履职尽责提供建议等。同时系统通过"我的履职"实现河长、湖长周期内工作履职情况信息统计，加强了河长办对河长的监督监管作用，提高问题办结效率。

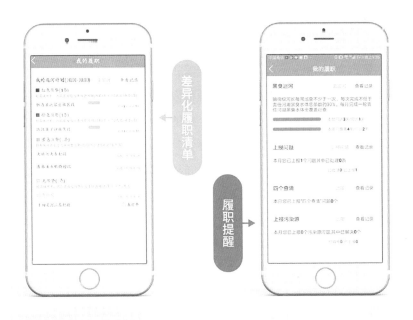

图 4.1 "我的履职"界面图

4.2.3 建立差异化巡河模式

面对庞大而又持续的巡河工作量，为优化各级河长的巡河工作计划，把"人员用在刀尖上"，调动各级河长积极性，鼓励河长履职尽责出实效，切实为基层减负，广州河长管理信息系统以河长系统中河涌水质数据、问题上报数据、新闻舆论等为评判河湖预警级别的主要依据，根据周期河湖水环境预警情况，推出以水环境质量为主要导向的差异化河湖巡查。差异化河湖巡查预警级别越高，周期类要求的巡河次数越多。

差异化巡河是指巡河频次差异化，以河湖水质动态监测为手段，以水环境质量为导向，根据系统中的通报数据、水质数据和问题数据，每月自动生成河湖水环境预警信息，不同的预警级别在河长系统中自动生成下一月度的巡河次数要求，并把巡河计划推送给河长。差异化巡河是一种正向激励，河长在 App 中可以清晰地看到自己有哪些河涌未巡，未巡天数多少，已巡了多少，进一步将河长履职目标锁定为水质不反弹，对河涌水质良好的河长工作要求适当减轻，对河涌水质黑臭的河长压实履职。

河湖巡查预警分为通报预警、水质预警和问题预警，预警级别分为无预警、黄色预警、橙色预警和红色预警。水质预警以水质为根本立足点，通过每月的河涌水质的监测数据，结合市巡查、市民上报的重大问题情况，以专业监测机构判定水质黑臭、劣 V 类、V 类的指标值，并分别制定红色、橙色、黄色预警指标。区级河长、镇（街）级河长和村（居）级河长都要根据负责河涌预警级别的巡查频次进行巡查。被国家、省、市相关部门通报批评或市级以上媒体曝光重大问题的河湖，造成不良影响的，次月立即启动红色预警。根据河湖水质监测数据，水质评价为黑臭的河湖，次月启动红色预警；水质评价为劣 V 类的河湖，次月启动橙色预警；水质评价为 V 类的河湖，次月启动黄色预警。以河湖数据、上报问题数据为基础，结合河湖周边相关数据，通过大数据分析，给予河湖长各项工作不同的权重赋分，作为次月河湖预警的依据。

通过每月发布的河涌水质预警情况，河长 App 自动在次月调整河长履职要求，同时提醒河长如何履职。河长根据其管辖河段的预警情况，按照对应的要求开展履职工作。通过建立水质预警机制，可以更有效地提高河长履职积极性，令河长能看到履职尽责的成效，也能令河长感受到履职差或不履职的压力，减少河长履职时间、精力成本，减轻了河长履职压力，方便河长进行巡河。

系统建立不同河涌水质评级指标，基于河长履职、河涌问题与水质数据建立水环境污染风险预警模型，结合舆情信息，自动生成周期内所有河涌的预警等级与对应河长的巡河任务，并在"我的履职"中以任务清单的形式向河长展示。差异化河湖巡查实现水质差的河涌需要多巡，责任河涌问题多、履职不认真的河长需要多巡，发生重大问题的河涌需要多巡，从而压实河长履职尽责出实效，调动各级河长积极性。

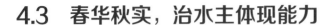

4.3 春华秋实，治水主体现能力

广州市通过服务理念贯穿河长履职"全周期"，驱动河长制管理工作落地见成效，成功打造了一支重实干、强执行、抓落实的河长队伍，有利于发挥"河长领治"作用，充分调动河长主观能动性，发挥河长作为地方党政领导干部的"领头雁"作用。截至 2020 年 11 月，"广州河长培训"小程序累计用户达到 2.3 万人，访问量已超过 20 万人次，日均访问量达 600 人次，已上线 59 个河长课堂短视频，播放量达 1.2 万次，利用扫码打卡河长会议 15 场，使用量达 600 人次，开展线上直播 9 场，总时长达 1 万人·时，观看人数总计达 6 万人次，培训推广效果明显并且仍将根据政策发布、治水阶段性要求和河长需求持续更新，把"服务型"理念运用在河长制管理工作中，为河长提供履职所需的全周期服务。2020 年，办结各类河涌污染类问题超 3.6 万单，问题办结率约 98%。广州市近3000 名各级河长加入了系统，积极使用河长 App 开展日常巡河、上报问题、河湖管理保护等履职工作，村（居）级河长一日一巡、镇（街）级河长一周一巡，各级河长上报的河涌污染类问题近 2.6 万单，问题办结率约 98%，问题办结率、办结质量较高，改善了广州的水环境。

关键技术应用1 云视频技术

【概念】

云视频技术采用 H.264/H265 SVC（可分级编码）柔性视频编码架构，是一项具备超大规模并发能力的视频技术。

在广州河长培训的直播模式中，云视频技术支撑在线教学及交流学习，实现讲师和河长、公众等通过互联网视频教学及交流学习，河长办对各级河长及公众的知识普及、河长日常履职的培训目标，满足不同网络、不同接入、不同角色的各种需求，保障培训教学过程的顺畅与便捷。

【技术特点】

云视频技术以云计算技术为核心，采取虚拟化、分布式部署，支持公有云、私有云、混合云在内的多种服务形式，采用业界领先的 SVC 架构，根据带宽自动调整清晰度，实现高清视频传输的同时提供优质的视音频交互效果；音频采用 Opus 编码，支持超宽带（24kHz 采样率）及全带（48kHz 采样率）语音、完整的回声消除、噪声抑制、混响抑制、自动增益控制、声音定向、波束成型等技术，实现更佳的声音效果，保证最优的听觉体验，同时，其 45% 的抗丢包率以及动态码流适配能更好地适应网络状况，AES256 位加密等技术手段保证了视频隐私及安全，提供了良好的用户体验。

A. 更高效的视频处理

高质量音视频处理需要耗费大量计算资源。要满足云视频平台的超大规模介入，首先要解决平台单个媒体节点的效率问题。SVC 柔性编码、多流智能路由机制，可以让视频在不降低音视频质量的前提下把单个 MCU 媒体节点效率提升 10 倍以上，再通过广州河长系统的分布式计算架构将多个媒体节

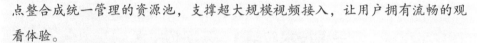

点整合成统一管理的资源池，支撑超大规模视频接入，让用户拥有流畅的观看体验。

B. 虚拟化部署

虚拟化技术将计算资源与物理硬件解耦，是对外提供细分量化服务的基础，是云计算的必要条件。因此虚拟化部署也是云视频平台的必备条件之一。国际上各大传统云视频品牌纷纷推出虚拟化平台，证明传统硬件 MCU 已经落后，为云化做好了准备。

C. 基于通用网络

传统视频编码 H.264 AVC 基于专线设计，难以适应通用互联网的利用要求，大大限制了利用场景范围。而广州河长培训云视频平台采用 SVC 柔性编码和多流智能路由机制，基于通用网络提供高质量音视频服务，让各级河长在专线、互联网、3G/4G、卫星等多种网络条件流畅接入。

D. 高可扩展性

广州河长培训平台使用的云视频平台整体架构弹性扩展，无须随容量变化而改变部署，就跟电、自来水一样。在整体基础硬件资源足够时按需调用、动态迁移、自动扩展、快速交付，观看多少流量就计算多少流量，闲时资源自动释放，高并发时自动增加资源。

E. SAAS 层按需服务

云视频服务属于云服务里的 SAAS 层（软件应用即服务），要达到这一标准，除了底层架构外还需要一个运营级别的管理后台，支持用户自主使用服务，提供专属企业后台；广州河长培训相关运营人员可在专属后台及时查看各项视频数据统计报表，帮助运维人员更好地完成总结汇报、容量规划等工作。

【主要应用】

通过云视频技术，在"广州河长培训"小程序内实现包括河长课堂、优秀河长、培训教学等一系列的在线视频、直播等功能,为河长办工作人员、各级河长、民间河长、志愿者、公众等营造一个全民参与治水的"高精专"服务平台,以便更清晰、准确地了解广州河长制。

【应用实效】

截至 2020 年 12 月,广州河长培训累计用户数为 2.3 万余人次,广州市水务局各处室单位通过"广州河长培训"小程序的云视频技术开展直播 20 余次,发布履职实操云视频超过 4 条,漫说河长、App 指引云视频 18 条,管理体系云视频 12 条,培训掠影 12 条,惠及 3000 余河长、超 10 万一线生产人员。即时通信技术的应用,让河长办、河长的联系更加紧密,督促相关责任单位开展整治工作,督促各区河长办压实河长履职,提高河长履职效率及水平,有效提升用户体验,及时帮助河长解答、处理使用河长 App 中遇到的各种问题和困惑,帮助河长提升使用河长 App 的熟练度。

关键技术应用 2 机器学习技术

【概念】

机器学习是一门多领域交叉学科，涉及概率论、统计学、逼近论、凸分析、算法复杂度理论等多门学科，专门研究计算机怎样模拟或实现人类的学习行为，以获取新的知识或技能，重新组织已有的知识结构使之不断改善自身的性能。目前可以通过对河长制系统相关数据进行挖掘，如通过巡河问题数据关联河涌水质数据，以机器学习的方法对河涌水质作出预测，对后续的巡河调整决策提供数据支撑。

【技术特点】

机器学习研究和构建的是一种特殊算法（而非某一个特定的算法），能够让计算机自己在数据中学习从而进行预测。机器学习包含了很多种不同的算法，深度学习就是其中之一，其他方法包括决策树、聚类、贝叶斯等。

机器学习的基本思路如下：

（1）把现实问题抽象成数学模型，并且很清楚模型中不同参数的作用。

（2）利用数学方法对这个数学模型进行求解，从而解决现实工作中的问题。

（3）评估这个数学模型，是否真正地解决了现实工作中的问题，解决得如何（见图 4.2）。

根据数据类型的不同，对一个问题的建模有不同的方式。机器学习根据训练方法大致可以分为 3 大类：监督学习、无监督学习、强化学习。

A. 监督学习

监督式机器学习能够根据已有的包含不确定性的数据建立一个预测模型。监督式学习算法接收已知的输入数据集（包含预测变量）和对该数据集

现实问题抽象为数学问题　　机器解决数学问题
　　　　　　　　　　　　　　从而解决现实问题

图4.2　机器学习的基本思路示意图

的已知响应（输出，响应变量），然后训练模型，使模型能够对新输入数据的响应作出合理的预测。如果尝试去预测已知数据的输出，则使用监督式学习。

B. 无监督学习

无监督学习可发现数据中隐藏的模式或内在结构。这种技术可根据未做标记的输入数据集得到推论。

聚类是一种最常用的无监督学习技术。这种技术可通过探索性数据分析发现数据中隐藏的模式或分组。用于执行聚类的常用算法包括 k- 均值和 k- 中心点（k-medoids）、层次聚类、高斯混合模型、隐马尔可夫模型、自组织映射、模糊 c- 均值聚类法和减法聚类。

C. 强化学习

在这种学习模式下，输入数据作为对模型的反馈，不像监督模型那样，输入数据仅仅是作为一个检查模型对错的方式。在强化学习下，输入数据直接反馈到模型，模型必须对此立刻作出调整。常见的应用场景包括动态系统以及机器人控制等。常见算法包括 Q-Learning 以及时间差学习（temporal difference learning）。

【主要应用】

在河长制实践中，通过河长巡河来发现和上报问题，结合其他单位来处理问题和解决问题，完成"发现问题—上报问题—处理问题—解决问题"的流程，最终达到保持或改善河涌水质情况的目的。但目前水质监测点的覆盖程度有限，无法及时了解所有河涌的水质情况，需要使用机器学习技术根据河涌的问题数据和水质数据预测水质变化趋势。

使用机器学习预测水质，在实际操作层面一共分为以下七步。

A. 收集数据

机器学习使用的总数据集中，样本集由249条河涌的问题数据和水质数据构成；可用于模型训练和预测的数据集的（样本量，特征）=（689，9）。9个特征量分别是对应的巡河河涌问题类别，样本标签是对应的水质等级。目标模型（三分类模型）的输入数据集中，约定水质等级标签统一划分成三个类别：低预警级别（V−）、中预警级别（V）、高预警级别（V＋）。

B. 数据准备

将数据分成三个部分：训练集（60%）、验证集（20%）、测试集（20%），用于后面的验证和评估工作。

C. 选择一个模型

可以根据数据集的特征选择不同模型进行训练。

D. 训练

这个过程不需要人来参与，机器独立就可以完成，整个过程就好像是在做算术题。因为机器学习的本质就是将问题转化为数学问题，然后解答数学题的过程。

E. 评估

训练完成，就可以评估模型是否有用。这是之前预留验证集和测试集发挥作用的地方。评估的指标主要有准确率、召回率、F值。

F. 参数调整

完成评估后，通过调整参数进一步改进训练。经过四个样本过滤规则后，训练数据集的样本量减少，但有助于提高模型的分类能力。三分类模型（V−、

Ⅴ、Ⅴ+）的分类准确率：训练集约 0.94 ，测试集约 0.85，能够准确区分低预警级别、中预警级别和高预警级别的样本，误分类集中在中预警级别和高预警级别的样本。与此同时，分析和训练其他模型：

（1）多分类模型（以河涌水质评价等级Ⅱ、Ⅲ、Ⅳ、Ⅴ进行区分和训练以及评估模型）的分类准确率：训练集约 0.81，测试集约 0.63，误分类集中在Ⅴ等级以下的样本。

（2）二分类模型（Ⅴ−、Ⅴ）的分类准确率：训练集约 0.99，测试集约 0.99，模型能准确区分高预警级别和低预警级别的样本。

G. 预测

上述的六个步骤完成后，就可以对水质进行预测。不同的模型对应不同决策辅助粒度需求，旨在为不同的河涌水质管理需求和管理实施提供不同的辅助信息。

【应用实效】

8 月得出的预测结果（基于 4—8 月数据训练的模型）：有水质监测的河涌的样本集为（79，9），分类准确率为 0.857；无水质监测的河涌的样本集为（222，9），期望的分类准确率为 0.85。9 月得出的预测结果（基于 6—9 月数据训练的模型）：有水质监测的河涌的样本集为（56，9），分类准确率为 0.854；无水质监测的河涌的样本集为（275，9），期望的分类准确率为 0.85。通过河涌水质预测结果，能给出不同河涌的巡河权重，结合河涌巡河重要信息来制定相应的差异化巡河策略，指导差异化河巡查，提高巡查督导人力资源的分配效率，实现由数据对业务的驱动，并在数据与业务发展过程中逐步迭代优化，形成良性循环。

5 | 广支撑
—— 提供业务延伸保障

GUANGZHICHENG
—— TIGONG YEWU YANSHEN BAOZHANG

5.1 广泛的业务支撑能力是源头治理、靶向施策的必要抓手

广州市"散乱污"现象依然严重，餐饮业违法排水问题突出，长期以来直排、偷排河涌已成为河涌黑臭的主要原因。整治"散乱污"、直排、偷排这些问题涉及经济利益，背后隐藏着多股利益纠葛，整治力度不坚决，工作推进缓慢，而且这些问题存在规模小、转移快、隐蔽性强等特点，多藏匿于民宅和违章建筑中，经常死灰复燃，导致河涌黑臭经常出现"反弹"。同时"僵尸管""断头管"仍然存在，河水倒灌管网、分流制区域错混接问题还很严重，排污口整治不彻底，部分截污工程滞后，部分问题排口整治不追根溯源，只是简单封堵，严重影响管网效能提升。广州市治水任务仍然任重道远，现阶段黑臭水体控源整治成效证明，强化河长责任、打赢黑臭水体剿灭战，必须坚持污染源防控等源头治水不松懈。为扎实推进各项工作，保持拆违及清理"散乱污"等工作高压态势，仍需通过信息化技术加强对广州全市河涌污染源查控，注重压实各级河长污染源查控责任，以流域为体系，以网格为单元，按照"小切口，大治理"原则，用"一河（湖）一档（策）"的治理模式，治水力度只能加不能减，全面清理消除各类污染源。

当前，生活污染、工业污染、面源污染、溢流污染、内源污染混杂，水动力不足，水生态退化严重等问题交织，基础设施和排水管理存在短板，人的思想理念、社会生产生活方式未及时转变。不是单打一，只做工程，不抓管理；不是独自干，一个部门干，是全党、全社会，从各方面入手干；不仅要相关行业干，还要重视教育和科技创新。黑臭水体治理是社会问题，要统一认识，共同行动，就需要以生态文明思想作为指路明灯，指引全社会共同行动、共同努力，快速取得成效。系统为河长巡查日常工作、污染源治理工作、落实8号令违法建设整治工作提供了强大助力，取得了显著成效。但完成源头治理后，在加强对污染源源头管控的支撑上，还有很大的提升空间。

河涌综合整治实际上是一个庞大的系统工程，应包括引水补源、截污治污、综合调水（或水利防洪）和底泥疏浚、周边规划路网建设、两岸环境整治和开发等项目。"单兵作战"模式只适用处理一些河涌的小问题，并不适用整治庞大的河涌问题。联合检查行动为污控组牵头，联合各个职能部门对市内的污染源进行检查，检查记录均是现场人员通过微信上传给内业人员处理，处理完的检查资料以文件形式放在电脑中，检查统计台账都是通过 Excel 来处理，效率比较低。而海绵城市检查所需的工程信息都在其他业务系统中，需要收集进行集中管理。海绵城市检查对于不同类型、不同阶段的工程需要检查的内容都不一样，通过纸质版的表单填写比较复杂。各部门之间的联合执法、协同治理迫切需要借助信息化手段打通各层级机构信息通道，形成基于信息系统的各级协同工作模式，实现在统筹协调、决策部署上的及时联动、业务协同、高效流转、闭环办理。

5.2 以业务拓展为重点，丰富协同治水应用

为更好地利用"河长制"这一抓手，落实河长制六大任务，在系统纵向贯穿市区镇村网格，横向覆盖规划、工信、城管、环保、住建、园林、交通等部门的基础上，结合业务实际，推出联合检查、海绵城市检查功能实现等特色业务支撑，实现对前期规划、污染源源头、涉水项目全流程的管控。

5.2.1 推进污染源查控信息化

2019 年 3 月，广州市发布第 3 号总河长令要求：各级网格人员要在各级河长领导下，狠抓污染源查控、违法建设及"散乱污"场所整治等工作，挂图作战、销号管理，按时完成"五清"专项行动任务，确保 2019 年年底前基本消除黑臭河涌，实现国考、省考断面水质达标，2020 年全面剿灭黑臭水体。2020 年 4 月，广州市印发第 8 号总河长令要求：广州全市 2000 年内全面完成涉水违法建设拆除工作，全面清除 12807 宗涉水违建，并于 7 月底前完成黑臭小微水体销号任务，实现全市 4389 宗小微水体无黑臭。同时，广州市河长办同步向各级河长、各区委、各河长制成员印发第 8 号总河长令内容，同步下发了《广州市涉水疑似违法建设及小微水体整治任务清单》。

坚持"三源、四洗、五路线"，优化排水管理体制机制和供排水一体化管理，深入推进河长制工作，实施网格治水，推行智慧管控，实现从末端到源头治水的转变，全力推进全市污水处理提质增效和黑臭水体治理工作。系统提供污染源上报、审核等功能（见图 5.1），河长、基层巡查人员以源头控污为目标，坚持问题导向，定期巡查网格内水体、供水、排水等涉水事项，实时发现、在线采集、上报巡查过程中发现的各类"散乱"污染源场所、涉水违法建设、垃圾黑点、非法畜禽养殖等问题，对能解决的问题，及时组织整改；对难以解决的问题，及时上报，并积极协助相关部门处理，实现河湖污染源的定位、属性填报、跟踪处理和销号。河长、基层巡查人员通过河长 App 上报的污染源信息在 PC 端进行审

核处理，审核内容包括污染源位置、内容属性及图片合规性，审核通过的污染源作为有效污染源纳入污染源作战台账，审核不通过的退回上报人进行修改上报或删除。上级河长办对下级河长办的污染源销号申请进行审核处理，满足销号条件的予以审批通过，不满足要求的退回申请人，按要求整治后再申请销号。市级河长办对已销号的污染源进行抽查或现场检查，对整治销号结果不理想的，可进行退回操作，情节严重时可予以通报批评，把"散乱污"治理、违法建设拆除、管网建设、巡查管理等治水工作落实到每个网格单元，实现污染源巡查的全覆盖，从根源上解决污染问题。

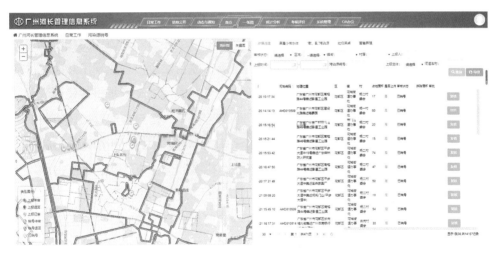

图 5.1　污染源销号功能界面图

5.2.2　助力推动联合检查

广州市河长办一直保持污染源查控高压态势，严厉打击水环境违法排污行为，持续开展"污染源突击检查、网格化源头减污挂图作战、考核断面流域污染源查控"工作。联合检查功能支撑市、区级河长办与环保、工信、城管、农业等业务部门对工厂企业、农贸市场、餐饮场所、鱼塘等污染源实行源头管控的信息化，实现提供污染源的检查记录,污染源问题的交办、督办、复查,整改办结的全流程管理。该模块包括污染源信息管理、联合检查任务管理、联合检查问题流转、联合检查报表和移动端的现场交办、整改结果复核及督办、历史记录查询。

污染源信息管理实现了用户对污染源的基础信息和历史检查卷宗信息进行查看管理的功能,为下次联合检查提供数据支撑;联合检查任务管理实现用户现场移动办公功能,外业人员在对污染源进行查处时,对发现问题的污染源可以在现场使用移动端记录检查小队信息,对污染源现场违规照片、相关证件及检查行动录像进行上传,提高了现场的检查效率;联合检查问题流转模块实现了问题在广州河长管理系统上的处理流转,外业人员通过移动端进行问题上报,内业人员根据问题内容,对涉及的相关职能部门进行快速转发问题或处理问题。同时,还能在该模块中查到从问题上报到处理、复查、销号各个环节的具体信息和时间点,方便用户及时处理问题、了解问题的处理进展;联合检查报表实现了对各区污染源问题线索统计,包括证照不齐、生产废水污染环境、生产污水排放设施建设管理不规范等多类问题原因,以及污染源问题检查数量、复查数量等检查相关的数量统计,方便用户对检查行动整体情况的了解,也可以根据广州市河长办的要求设置多维度组合查询条件导出个性化台账,为后续联合检查任务的开展提供决策依据。

联合检查形成以污染源为单位的案件卷宗目录,可快速查询该宗污染源的检查结果、问题的处理流程、督办复查的情况等信息,对污染源实行严格的管控,实现对打击水环境违法排污行动全程的跟踪处理,提高了突击任务交办和督办的效率,并且震慑了相关职能部门履职不作为行为,提高了问题处理的效率以及为后续工作提供决策帮助。

5.2.3 拓展海绵城市检查功能

为配合广州市政府海绵城市建设工作,让海绵城市理念能顺利落地,广州市海绵办联合市发展改革委、市规划和自然资源局、住房和城乡建设局、林业和园林局、水务局、交通运输局、各区海绵办对广州市 2017—2020 年拟建、在建、已建项目，包括公园绿地、建筑小区（含"三旧"改造、品质提升类、停车场及广场等）、道路及水务建设项目，以小组形式进行定期抽查，每月抽查项目不低于 15 个（其中各区海绵办抽查项目类别和各阶段均不少于 3 种）。

海绵城市检查功能贯彻海绵城市建设项目前期设计阶段、项目施工阶段、项目验收阶段以及项目后期养护阶段全过程。系统覆盖市、区两级海绵办以及各级住房和城乡建设、交通、园林、水务部门工作人员，提供项目信息维护、检查上报、事务处理及统计分析等功能，问题处理全程记录在案，实现海绵城市项目建设全流程闭合管理。

1. 项目信息维护

项目信息维护提供海绵项目信息的录入、去重处理与审核。工程信息统一维护是海绵城市检查工作的基础也是重要的前提条件，广州市海绵办、各区海绵办以及相关职能部门可以通过海绵工程维护模块对全市工程信息录入，但由于各区相关职能部门都有一套自己的信息化系统，工程信息不统一且分散。为了解决工程信息不统一的问题，海绵工程维护模块还提供了工程信息维护接口。各区海绵办及相关职能部门从各自系统中导出工程信息模板，只需要根据系统要求修改表头名称就可以导入广州河长管理信息系统中。为了避免工程信息大量重复、数据缺失不一致等情况，所有由各区职能部门上传提交的工程信息，在系统中需要由各区海绵办管理员以及市海绵办管理员审核通过后，才能导入工程项目信息库中，实现了全市工程项目的梳理、完善、去重，建立统一完整的检查项目库，实现了全市的海绵城市建设项目的全量管理，为后续的海绵城市检查工作奠定了基础。

2. 检查上报

检查上报可供外业工作人员检查项目各个阶段是否符合海绵城市建设的要求，发现问题实时上报，并可同步将问题信息转给相关人员。针对海绵城市项目检查表单内容繁多的情况，手机 App 端海绵城市检查模块可以根据检查人员选

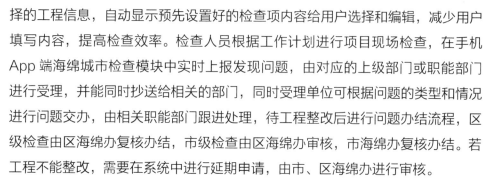

择的工程信息，自动显示预先设置好的检查项内容给用户选择和编辑，减少用户填写内容，提高检查效率。检查人员根据工作计划进行项目现场检查，在手机App 端海绵城市检查模块中实时上报发现问题，由对应的上级部门或职能部门进行受理，并能同时抄送给相关的部门，同时受理单位可根据问题的类型和情况进行问题交办，由相关职能部门跟进处理，待工程整改后进行问题办结流程，区级检查由区海绵办复核办结，市级检查由区海绵办审核，市海绵办复核办结。若工程不能整改，需要在系统中进行延期申请，由市、区海绵办进行审核。

3. 事务处理及统计分析

通过事务处理可对问题进行转办、受理、退回、延期、办结、复核，同时可实现转阅、阅知的支线操作，用户还可通过电脑端和手机端 App 待办事项模块进行问题跟踪，包括了"由我提交的问题进度情况"以及"交办给我的任务"，让用户可以及时地处理问题。

系统还提供了海绵城市项目检查统计，可对全市各区的已检查项目和未检查项目、项目检查次数、合格次数、合格率，以及问题交办次数、问题已办结未办结情况和问题超期情况进行统计分析，为广州市海绵办海绵城市项目检查工作提供决策帮助，加快海绵城市理念建设项目工程的检查验收。

5.3　添砖加瓦，专项攻坚手能及

河长系统助力治水工作，通过横向串联各相关职能部门（市林业和园林局、市城市管理和综合执法局、市环保局、市规划和自然资源局、市住房和城乡建设局、市交通运输局）以及纵向贯通上下级部门，快速响应治水专项行动的需求，支撑"网格化治水""剿灭黑臭水体"行动，成效显著。2019 年年底，广州市 9 个国考断面全部稳定消除劣 Ⅴ 类水体，流溪河流域一级支流劣 Ⅴ 类水体数量由 46 条减少为 16 条，197 条黑臭河涌基本消除黑臭。2020 年 1 月，广州市正式宣布消除列入住房和城乡建设部监管平台的 147 条黑臭水体。截至2020 年 12 月，各级河长已累计通过系统上报"四个查清"问题 1.8 万个，累积绘制作战图 8 万余张，完成有效污染源上报 8.5 万余个，整治销号超 8.4 万个，整治销号率超 98.76%；业务覆盖市海绵办 1 个，区海绵办 13 个，海绵办职能部门 194 个，相关人员共 209 人，录入海绵工程信息 626 条，检查了87 次，合格次数 68 次、合格率 78.16%，交办问题 32 条，已办结 14 条、办结率 43.75%。

关键技术应用　服务器集群技术

【概念】

服务器集群技术是将一组相互独立的、通过高速网络互联的计算机连接到一起，完成同一业务，使多台服务器能够像一台机器那样工作或者看起来像一台机器。通过集群技术，可以在付出较低成本的情况下获得在性能、可靠性、灵活性方面相对较高的收益。服务器集群常见的有三种类型：负载均衡集群、高可用性集群和科学计算集群。河长管理信息系统使用的集群技术有负载均衡集群和高可用性集群。

【技术特点】

负载均衡集群使负载可以在计算机集群中尽可能平均地分摊处理。当网络服务程序接受了高入网流量，以致无法迅速处理时，负载均衡集群可以检查接受请求较少、不繁忙的服务器，并把请求转到这些服务器上，以加快操作速度，确保冗余，减少网络拥塞和过载并改善工作负载分配。

河长管理信息系统中使用的负载均衡算法为源地址散列。它可以根据请求来源的 IP 地址进行 Hash 计算，使来自同一个 IP 地址的请求总在同一个服务器上处理，解决 session 问题。

高可用性集群是指以减少服务中断时间为目的的服务器集群技术。它通过保护用户的业务程序对外不间断提供服务，把因软件 / 硬件 / 人为造成的故障对业务的影响降低到最低程度。它经常利用在多台机器上运行的冗余节点和服务，用来相互跟踪。如果某个节点失效，它的备援节点将在几秒钟的时间内接管它的职责。因此，对于用户而言，集群永远不会停机。高可用性集群软件的主要作用就是实现故障检查和业务切换的自动化。

【主要应用】

河长管理信息系统使用的集群分为 Web 端负载均衡集群和 Oracle 数据库集群。

Web 端负载均衡集群使用了硬件级负载均衡设备，对外提供了一个虚拟 IP 地址。外部对虚拟的 IP 地址进行访问，负载均衡在接收到访问请求后，根据 IP+port 配置转发给对应机器的河长管理信息系统实例。不同服务器上的河长管理信息系统实例通过 Redis 共享用户会话信息。

Oracle 数据库集群使用的是 Data Guard 技术，它最主要的功能是冗灾。它是在主节点与备用节点间通过日志同步来保证数据的同步，可以实现快速切换与灾难性恢复。在主节点中数据库文件的物理组织和数据结构与备用节点是不同的，保持同步的方法是将接收的 REDO 转换成 SQL 语句，然后在备用节点上执行 SQL 语句。

使用 Data Guard 技术只需在软件上对数据库进行设置，并不要额外购买任何组件，能在对主数据库影响很小的情况下，实现主备数据库的同步，而主备机的数据差异只在在线日志部分。

【应用实效】

截至 2020 年 12 月，河长管理信息系统随着业务的推广，使用人数和业务模块也不断增长，注册账号数量从 2017 年的 5000 个上升到如今过万个，相关业务模块也新增加了 19 个，导致服务器的 CPU 和内存使用比例也在上升。在使用负载均衡集群技术前，当用户在上班时进行系统登录操作，服务器 CPU 会瞬间飙升到 90% 以上，登录操作无法在 1 秒内及时响应。在使用集群后，服务器 CPU 稳定运行在 30% 以下，请求响应时间在 1 秒内。

6 | 全参与
—— 着力提升社会监督水平

QUANCANYU
—— ZHUOLI TISHENG SHEHUI JIANDU SHUIPING

6.1 参与主体多元化是激发城市治理活力的不二之选

　　普遍觉醒的环境保护意识和河湖环境压力促使公民要求获得更多发言权和参与机会。在河长制实施中，公众在生产生活各方面受到河长制建设的直接影响，河长是否做到了履职尽责、河长制实施有什么问题、如何评价河长制的成效，公众最有发言权。大多河道的垃圾、排污、违建等情况就发生在河湖周边居民的视野之内。公众参与河湖治理，相当于为河湖监督安装了全天候的"24 小时监控器"，是公众参与水环境治理的有益尝试和积极探索。

　　首先，由于河长制政策宣传力度不够，关于河长制的政策实施公开透明度不足，公众未能获悉河湖相关数据资料，信息的不对称造成了公众对于河长制工作了解较少甚至不了解，无法准确有效地对河湖问题进行监督或提出可行意见；其次，受传统观念的束缚，对政治参与缺乏热情与积极性，治水护水价值观尚未正确建立，同时相关举报奖惩机制未健全，公众抱有事不关己的心态，对政府响应落实有效性缺乏信任感，以至于宁愿视而不见，不愿主动参与；另外，公众参与监督需要发表意见的场所和讨论问题的平台、传统的投诉监督渠道未能方便快捷地为公众提供服务，使公众发现河湖问题未能及时向有关责任单位反馈。因此，为解决监督"死角"问题，打通河道治理的"最后一公里"，仍需利用信息化手段，全面发动群众通过举报投诉、志愿活动等方式参与共治河湖污染问题，调动公众参与环境治理的积极性，助力营造全社会共同关心和保护河湖的良好社会氛围。

6.2 以全民治水为根基，畅通监督参与渠道

6.2.1 拓展新媒体宣传渠道

"广州治水投诉"微信公众号提供"综合资讯、河湖河长"资讯服务，利用新媒体、"互联网 +"技术推行河长制工作的宣传教育和正确引导，向市民展示广州市河湖管理保护相关政策资讯等，提高公众对河长制湖长制以及生态环境保护的认知和理解，引导公众树立保护水环境的良好意识；同时主动公布分享河长巡河情况、河湖河长名录、水质情况，建立透明的河湖管理事务公开机制，让公众全方位了解治水情况及进程，依法维护公众知情权，更好地促进公众监督。

"广州治水投诉"微信公众号中"我要投诉"功能是公众参与治水、提供河湖问题投诉建议的入口，既可以投诉河湖问题，也可以为治水献计献策，有效利用公众的力量监督河长履职过程、补充河长履职疏漏，维护良好河湖生态环境。公众投诉反映的河湖问题将同步到河长管理信息系统进行事务流转处理，并将办理过程及时向投诉人反馈，做到事事有回应，件件有落实；公众提出的关于河湖管理保护的合理化建议将合理采用并予以落实。同时，通过建立微信红包奖励机制鼓励公众积极主动参与水环境的治理和保护，投诉及建议被采纳的还可以获得红包奖励，激发公众参与活力。

6.2.2 健全线上举报奖励制度

2017 年 9 月 27 日，经广州市人民政府同意，广州市水务局正式印发实施《广州市违法排水行为有奖举报办法》。该办法规定公民、法人或者其他组织可通过电话、传真、来信、"广州水务"微信公众号、电子邮件及来访举报等方式对违反相关法律法规章规定，直接或者间接向自然水体和公共排水管网排放污水或其他污染物的行为进行实名制有奖举报。

　　"广州水务"微信公众号提供实名制有奖举报平台，市民通过关注"广州水务"微信公众号并点击有奖举报，就可以实现随时随地拍照上传并上报位置、时间、问题描述，举报违法排水行为的功能，依靠社会公众的海量采集能力，"自下而上"监控身边的人居环境。举报信息将推送到后台管理系统和广州河长管理信息系统，由相关人员进行受理、判别并处理，相关举报处理进展实时反馈供举报人查询。一旦证实违法排水行为，将对违法责任人予以惩罚，并根据《广州市违法排水行为有奖举报办法》（穗水法规〔2020〕2号）中的规定，予以举报人相应的现金奖励，激励公众积极参与，实现问题数据从群众中来、治理成效到群众中去，推动形成全民治水的良好局面。

　　通过12345政府服务热线、门户网站、电子邮件等多种参与渠道进行的违法排水实名制举报信息也将同步至违法排水举报后台管理系统及河长管理信息系统，切实处理公众反映的问题并及时反馈，深化互动对接，形成政府与公众有效对话机制，互相促进、形成合力，缩短政府部门与公众之间的距离，提高公众参与社会治理的热情。

6.2.3　完善人大、政协监督手段

　　"人大政协"单元是专为社会监督服务的个性化模块，专为人大代表、政协委员履行社会监督职责设计，"人大政协"动态专栏提供人大代表、政协委员参与河湖治理、监督检查等方面的新闻动态展示，"人大政协"监督专栏提供人大代表、政协委员对需要进一步治理或者加快整治进度的河道问题进行任务督办及督办问题事务查询功能，"人大政协"巡河专栏可查询人大代表、政协委员巡河轨迹及问题上报等工作情况，丰富了社会参与、多重监督的手段。

　　督办公开单元综合展示被上级河长办及社会监督机构（人大、政协）督办的事务，便于责任部门重点关注与处置，为重大问题的处置与监督加上双保险，各级河长可直接在页面查看由人大代表、政协委员、民间河长和各级河长督办交办的事务情况，并随时对列表中的督办事项进行跟进。

6.2.4 激发全民治水活力

河长制建立长效机制需要广泛发动民间治水力量，形成全民参与的治水格局。水污染的本质源于人的行为，调整、纠正人的错误行为更需要依靠全民参与的力量。小程序面向公众开放，开发趣味闯关、志愿活动模块，进一步推动广州市全民参与治水行动，为关心治水的市民朋友、有自我提升需求的民间河长、志愿者等提供学习了解广州河长制相关科普知识和重要政策解读等的渠道，并更深入地参与到河湖管理保护工作当中。

1. 趣味闯关

趣味闯关汇集了政策法规、治水举措、问题识别等丰富题目，将闯关小游戏跟培训相结合起来，将河长制相关的重要内容以题目的形式呈现，如看图识别河湖污染问题，通过答题闯关的形式、寓教于乐的玩法，吸引河长和市民主动学习掌握相关内容。

2. 志愿活动

志愿活动汇集各类民间巡河护水志愿服务组织的巡河志愿活动报名入口及活动描述，为全民参与志愿治水提供集成化的活动报名、信息汇聚平台，携手共青团广州市委员会（简称广州团市委）及志愿者行动指导中心等组织，推动河长制进社区、进校园，打造"共筑清水梦""河小青"系列志愿活动（见图6.1）。

志愿活动通过建立与团委、中小学校、志愿者团体和民间河长的沟通协作机制，开展志愿者驿站培训，民间河长培训，进校园、进社区培训，发挥志愿服务组织"传帮带"作用，有目的地培育社区志愿治水服务组织，形成以点带面、开枝散叶的民间治水力量培训模式，加强了政府与市民的联络，让更多的居民身体力行践行环保，参与河流污染治理，进一步实现共建共治共享治水格局。

河长制+i志愿

  携手广州团市委及志愿者行动指导中心,推动河长制进社区、进校园,打造"共筑清水梦"、"河小青"系列志愿活动。

共筑清水梦

河小青巡河护河志愿活动

发布时间:2020-10-19

🕐 2020-10-20 15:16

🕐 2020-10-20 15:25~2020-10-20 17:30

📞 02081891862

📍 广东广州市荔湾区芳村大策五巷44号花地中学南校区

图6.1 巡河志愿活动示例

6.3 蒸蒸日上，全民治水递能量

　　系统建立了更方便更快捷的公众参与和投诉监督渠道，运用微信公众号等更为广大民众所接受的新型信息传播平台构建专门的公众参与信息平台，让河长制进入寻常百姓家，形成广泛动员的"开门治水、人人参与"的全民治水格局。截至 2020 年 12 月，"广州治水投诉"公众号关注用户已达 1 万人，共接到公众有效投诉 1.55 万条，已处理办结 1.53 万条，办结率 98.66%，发放奖励红包 6850 个，合计约 4.2 万元；"广州水务"微信公众号实名制有奖举报平台用户达 2.5 万人，共接获举报 7187 条，其中有效举报 3259 条，有效率 45.34%，共发放举报奖金 3259 次，合计约 118 万元；"人大政协"单元服务人大代表 174 人、政协委员 386 人；"广州河长培训"小程序已助力开展 12 场巡河护河志愿活动，基本形成"政府搭台、公众唱戏，民间为主、官方客串，互相促进、实现共赢"的良好局面。

关键技术应用　图像压缩技术

【概念】

图像压缩技术是指以较少的比特有损或无损地表示原来的像素矩阵的技术，也称图像编码。随着手机的更新换代越来越快，手机拍出的图片质量也越来越高、越来越清晰，但带来的副作用就是图片越来越大，占用的内存越来越大。因为在开发过程中图片上传是不可避免的，如果不进行图片压缩不仅会导致用户在使用过程中体验很不友好，而且非常浪费用户的流量数据。广州河长信息管理系统因巡河等任务产生的图片数量巨大，需要在保证图片完整压缩的情况下不失真，以确保巡河质量。

【技术特点】

A. 去除数字冗余，实现图片压缩

图像数据之所以能被压缩，就是因为数据中存在着冗余。图像数据的冗余主要表现为：图像中相邻像素间的相关性引起的空间冗余；图像序列中不同帧之间的相关性引起的时间冗余；不同彩色平面或频谱带的相关性引起的频谱冗余。数据压缩的目的就是通过去除这些数据冗余来减少表示数据所需的比特数。常常需要采用信源的统计特性或建立信源的统计模型来实现去除冗余达到图片压缩的目的。

B. 可根据实际情况灵活选择有损或无损压缩

图像压缩可以是有损数据压缩也可以是无损数据压缩。对于如绘制的技术图或图表等优先使用无损压缩，因为有损压缩将会带来压缩失真。如河道细节图像或者用于存档的扫描图像等这些有价值的内容的压缩也尽量选择无损压缩方法。有损压缩方法非常适用于自然的图像，例如一些应用中图像的微小损失是可以接受的（有时是无法感知的），这样就可以大幅度地减小位速。

C. 可扩展编码

可扩展编码通常表示操作位流和文件产生的质量下降（没有解压缩和再压缩）。可扩展编码的其他一些叫法有渐进编码或者嵌入式位流。尽管具有不同的特性，在无损编码中也有可扩展编码，它通常是使用粗糙到精细像素扫描的格式。尤其是在下载时预览图像（如浏览器中）或者提供不同的图像质量访问时（如在数据库中）。

【主要应用】

广州河长信息管理系统运用了无损压缩技术，其中的"scale"就是可以指定图片的大小，值在 0 到 1 之间，"1f"就是原图大小，"0.5"就是原图的一半大小，这里的大小是指图片的长宽。而"output quality"是图片的质量，值也是在 0 到 1，越接近于 1 质量越好，越接近于 0 质量越差。

【应用实效】

由于广州河长管理信息系统图片数据丰富，图片压缩技术的应用大大地节省了内存资源的占用，直接或间接地降低了成本，增加了效益。截至 2020 年 12 月，用户累计上传了超过 100 万张图片。每张图片压缩 50%，大约 2MB，总共节省约 1000GB 空间。